곤충의 생태학

이론과 실제

현 재 선 저

아카데미서적

머 리 말

현재 우리나라에서는 생태학에 대한 일반의 관심이 상당히 높다. 그런데 이 분야에 관한 책은 별로 많지 않은 듯하다. 그런 탓인지는 알 수 없으나 생태학에 관심을 갖고 있으면서도 근대 과학의 다양한 성과를 도입하면서 발전하고 있는 현재의 생태학에 대하여 반드시 충분한 이해를 갖고 있는지 의심스러운 경우도 상당히 있는 듯하다.

저자는 농작물의 해충을 대상으로 하는 응용분야의 학자로 생태학의 이론을 실천에 옮기려고 1991년 대학에서 정년퇴임 할 때까지 30여 년간 주로 야외현장에서 해충류의 방제문제를 대상으로 연구하여 왔다. 그간 해충학은 살충제 만능시대에서 그의 오용이나 과용에 따르는 부작용이 문제가 되면서 '살충기술'연구 중심에서 해충에 의한 작물의 피해의 합리적 억제를 목표로 하는 해충군의 종합적 관리 중심으로 발전하였다. 이런 해충학의 발전 추세에 따라 저자는 솔나방이나 솔잎혹파리 같은 삼림해충이나 벼의 주요 해충류를 대상으로 피해 실상파악과 피해와 직결되는 해충 개체군의 밀도변동동태를 분석하여 효율적인 방제법 구명에 노력하여 왔다.

한편 해충의 활동의 장인 농생태계는 넓은 면적에 같은 품종을 동시에 동일한 방법으로 관리하게 되어 다양성이 큰 자연 생태계에 비하면 외적 충격에 대한 저항성이 약한 것이 보통인데 우리나라 농업생태계는 1970년 중반 이후 새로운 농업기술의 도입으로 짧은 시일 내에 크게 변하였는데 이와 같은 농생태계의 질적 변화는 농생태계의 한 구성요소인 해충에도 영향을 미쳐 그들의 발생 시기나 발생량 그리고 중요성, 기타 등에 큰 영향을 미쳐 많은 변화를 초래하였다.

저자는 이와 같은 농업환경의 변화 속에서 생활하면서 해충류의 '생활'을 농업환경과의 관계에서 이해해보려고 나름대로 노력해왔다. 그리하여 그간 현장에서 현실문제에 접하면서 느꼈던 것을 정리해 보는 것도 일반의 생태학에 대한 인식을 높이는데 조금은 도움이 될 수 있을 것이라는 생각에서 실물과 곤충과의 관계를 자연계에서의 어울림 관계로 본 견해를 '식물과 곤충의 공존 전략'(2007)에서 살펴보았고 곤충류의 환경조건에 대한 다양한 대응양식을 '곤충의 진화와 생활사 전략'(2009)에서 살펴보았다.

이 책은 이들 두 권의 책의 내용을 '생태학의 이해'라는 관점에서 묶어 정리한 것으로 저자가 지금까지 야외생태학자로 지내온 과거를 되씹어 본 일종의 자연관이라고 할 수 있을 듯하다. 이 보잘 것 없는 책이 생태학에 대한 일반인의 이해에 조금이라도 도움이 되었으면 하는 간절한 마음에서 감히 용기를 내 보았다.

이 책의 내용은 Southwood의 생태학적 주형이론(Ecological Templet Theory, 生態學的 鑄型理論)을 근간으로 주로 곤충류의 생활양식을 살펴 본 것이다. 곤충류는 환경조건이 유리하면 그 자리에서 그대로 생활하나 환경조건이 불리하면 다른 곳으로 서식처를 옮기거나 그 자리에서 환경조건이 유리해지기를 기다렸다 환경조건이 유리해지면 활동을 다시 시작한다. 그리고 어떤 경우에는 다른 곳으로 이동하여 그곳의 환경조건이 유리해지기를 기다려 활동하는 수도 있다. 이와 같은 문제들과 관련 서식처 환경의 공간적 특성이나 시간적 특성이 곤충류의 분산이동이나 계절적 적응현상과 어떤 관계가 있으며 이런 적응현상은 생물학적으로 어떤 의의를 갖고 있는가를 살펴보았다.

한편 생물학적 현상이란 환경조건에 대한 그 생물의 유전적 Programme의 반응결과이다. 그리고 환경조건이란 공간적으로나 시간적으로 변하는 것이며 생물은 태어나서 죽을 때까지 생장하고 변하며 생식을 한다. 따라서 환경이 생물학적 의의를 갖게 되는 것은 생물-환경계 체제하에서이며 보다 중요한 것은 그때 그곳의 환경조건과 그 생물의 유전적 Programme에 따라 진행되는 생육단계와의 관계상이다. 예를 들면 0℃라는 온도가 곤충의 알과 유충에 미치는 영향은 다른 고로 그와 같은 온도에 접하는 발육단계를 곤충류는 어떻게 조절하는가 하는 것이 중요하다. 이런 관점에서 이 책에서는 환경조건의 다양성에 대한 곤충류의 대응을 생활사와의 일치성을 중심으로 살펴보려 하였으며 가능한 한 우리나라 해충류에 관한 연구를 예로 설명하였다.

끝으로 이 책에는 많은 연구자들의 연구결과를 연구자의 허락 없이 인용하고 있다. 연구자와 발표년도를 병기하기는 하였으나 그들의 피나는 노력에 충분한 예의를 갖추지 못한 점 충심으로 사과드리며 관용을 비는 바이다. 또 난필로 어지러운 원고를 정성을 다하여 정서해 준 민희옥 양의 노고에 충심으로 감사의 뜻을 표하는 바이다.

현 재 선

차 례

서 론

Ecology라는 말은 그리스어 Oikos(가정)를 어원으로 한 것으로 Ernest Haeckel이 생물의 일반형태학(Generelle Morphologie der Organismen)(1866)에서 처음 제기한 용어이다(주 1,2,3 참조).

그는 생물학을 형태학(Morphologie)과 생리학(Physiologie)으로 나누고 생리학을 다시 기관생리학(Ergologie)와 관계생리학(Perilogie)으로 나누고 관계생리학에는 생물분포학(Chorologie, 生物分布學)과 생태학(Ökologie, 生態學)이 포함된다고 하였다. 그리고 생태학이란 '동물과 그를 둘러싸고 있는 무생물적 환경과 생물적 환경의 총체적 상호관계에 관한 과학'이라고 하였다.

주1. 생태학이란 말은 일본의 Miyoshi(1895)가 Wiesner의 Planzen- biologie를 식물생태학이라고 번역한데서 유래한 것으로 Ecology의 역어는 아니다. 이 책은 식물의 형태나 생리적 특성의 적응성을 중심으로 식물의 지리적 분포를 논한 것으로 적응문제를 고려한 역어로 생각된다. 당시 biologie는 주로 추론에 의하여 여러 가지 사실을 종합하여 문제를 해석하려고 한 목적론적인 것이었다.

주2. Isidore Geoffroy Saint-Hilaire(1859)는 Heackel에 앞서 가족이나 사회 또는 생물군집내의 생물간의 관계를 대상으로 하는 과학을 Etology라고 하고 이것은 생물의 본능, 습성 그리고 외적환경에 대한 생물의 반응에 관한 과학이라고 한 바 있다.

주3 일본의 Goto S.(1894)는 Ecology를 '생계학'이라고 하였는데 이것은 Darwin의 '생물의 생활'을 하나의 사회학적 현상으로 본 견해였다.

스위스의 Schröter(1911)는 생태학을 개체생태학(Autoecology, 個体生態學)(종 개체생태학이라고 하는 것이 보다 분명할 뜻하다)과 군생태학(Synecology, 群生態學)으로 분류하였는데 현재에는 여러 가지로 분화하고 있어 간단히 구별하기는 쉽지 않다.

인류는 출현하면서부터 먹을 것을 구하고 적당한 살 곳을 찾아야 했고 여러 가지 위험을 피해야 하였던 고로 환경에 대한 관심은 필연적이었다. 따라서 생태학은 오랜 역사를 갖고 있다. 그러나 생태학이 체계적 학문으로 발전한 것은 20세기에 들어서부터라고 하겠다.

생태학의 정의로는 '과학적 자연지'(Natural history, 自然誌)(Elton, 1927), '자연의 구조와 기능에 관한 과학'(Odum, 1963), '생물의 분포와 밀도를 좌우하는 요인들 사이의 상호관계에 관한 과학'(Kreb, 1972), '생물적 단위와 그에 영향을 미치고 반대로 그들의 영향을 받는 이화학적 환경이나 생물적 환경 간에 존재하는 관계를 연구하는 과학'(Pianka, 1978) 등 여러 가지가 있다. Webster 사전에는 생태학이란 생물과 그들의 환경 간에 존재하는 상호관계의 총체 또는 양식(Pattern)에 관한 과학이라고 하고 있다. 이것은 생태학이란 자연 상태에서의 생물-환경계의 내용의 파악과 그들계를 지배하는 일관된 이론을 구명하는 것을 목적으로 하는 과학이라는 뜻이다.

생태학은 처음부터 기능을 대상으로 해 온 과학이다. 생태학은 생물을 대상으로 한 인간학적 연구이다. 즉 생물의 사회과학적, 문화적 연구인 것이다. 생태학은 생물적 질서와 인간적 질서의 매개 이론이라고도 할 수 있다. 모든 현상은 물리학에서 말하는 역학적 균형계가 아니고 항상 모순을 내포하고 있는 탄력적인 계이다.

20세기에 들어서면서 생태학은 진화학이나 유전학 그리고 인접분야 특히 추계학의 발달에 힘입어 크게 발달하였으며 특히 20세기 중반 이후의 환경문제 대두는 생태학 붐을 일으켰다.

이와 같은 발달과 관련 K. E. F. Watt(1971)는 '생태학이 생태학과 관련된 모든 정보를 묶을 수 있는 확고한 이론 체계를 발전시키지 못하면 우리는 헤아릴 수 없을 정도로 많은 정보의 홍수에 휘말려 갈피를 잡지 못하게 될 것이다'라고 하였는데 이것은 현재의 생태학이 처해있는 실상의 일면을 지적한 경고가 아니냐 생각되기도 한다.

앞서 말한 바와 같이 생태학은 생물과 환경 그리고 그들 간의 상호관계를 대상으로 하고 있다. 현재 지구상에는 약 170만 종의 생물이 알려지고 있으며 해마다 수많은 신종이 보고되고 있다. 그리고 환경조건이란 기후적 조건을 비롯하여 수많은 물질들과 물리 화학적 요인으로 된 무생물적 요인들과 같은 종의 다른 개체들이나 다른 종의 개체들과 같은 생물적 요인이 있으며 그들 간의 생물학적 평가는 개체, 개체군, 생물군집 그리고 생태계 등 수준에 따라 달라질 수도 있다. 물론 이런 것들은 서로가 아무런 상관없는 '혼존'상태가 아니고 그들 간에는 서로 일정한 연관을 갖고 있다. 따라서 이런 보편성을 가진 '법칙'을 찾아내 정해진 조합 하에서는 어떤 결과를 낳게 될 것이라는 예측을 가능케 하는 것은 대단히 중요한 일이다.

Linné 이전의 생물학은 하나하나의 생물을 대상으로 하였으나 분류체계의 확립은 생물들의 형태학적 특성을 기능과 연관시켜 이해할 수 있게 하여 특정 생물의 형태나 생리적 특성을 이용하여 분류학적으로 관련이 있는 다른 종의 특성을 추정할 수도 있게 하였다. 이에 따라 이름을 알 수 없는 것이라도 그의 분류단위를 통하여 그의 생물학적 특성을 유추할 수 있게 하였다.

예를 들면 Linné는 곤충의 목 분류에 주로 날개의 특성을 이용하였는데 날개가루를 가진 것들을 Lepidoptera(인시목), 날개가 한 쌍밖에 없는 것을 Diptera(쌍시목) 그리고 앞날개가 초시로 된 것들은 Coleoptera(초시목), 기타 등 현재에도 곤충학에서 사용하고 있는 여러 가지 분류군(목)을 제기하였는데 이것은 그 후의 생물학 발전에 많은 공헌을 하였다. 물론 쌍시목(파리목) 곤충은 성충에는 날개가 있으나 유충이나 번데기에는 날개가 없으며 나비목 곤충 중에는 성에 따라 성충에 날개가 없는 종도 있다. 그러나 쌍시목 곤충류는 생활사나 형태 그리고 생리적 특성에 공통점이 있어 종명을 몰라도 그의 생물학적 특성은 어느 정도 짐작할 수 있다.

한편 생태학은 개체이상의 생물학적 단위를 대상으로 하는 생물학이다. 생리학이 개체이하의 기관, 조직, 세포 나아가서는 생화학 또는 생물물리학을 대상으로 하는데 반하여 생태학은 개체, 개체군, 생물군집 그리고 생태계 등을 연구의 대상으로 한다. 생태학의 대상들은 전제는 구성요소들의 단순한 집합 또는 구성요소가 갖는 각각의 특성의 산술적 총화가 아니고 그들 수준은 구성요소들 간의 상호작용에 의하여 수준에 고유한 새로운 특성을 갖는다. 즉 수준에 따라 지배하는 법칙이 다르기 때문에 밑에서부터 문제를 해결하려는 생리학적 현상의 연구는 생태학적 현상을 설명할 수는 있으나 생태학적 현상을 유도할 수는 없다는 견해가 성립된다. 다시 말하면 생태학적 현상의 본질이 꼭 밑의 수준에 있다는 것이 아니고 각각의 수준에는 그 나름대로의 본질 또는 법칙성이 있어 각각의 수준에서의 연구를 진행시키는 것이 효과적이며 필요하다는 것이다. 물론 이것은 수준간의 단절을 의미하는 것은 아니고 이렇게 하여 수준의 실태를 파악하고 그것을 바탕으로 수준간의 연관을 밝히는 것을 뜻한다. 예를 들면 생물군집 생태학은 개체군 생태학의 연장선상에 놓여 있는 부분이 많기는 하나 생물의 종 다양성이나 구성종의 상대적 밀도와 같은 생물군집으로서의 고유한 특성도 갖고 있다. 그런데 생물군집학과 생태계 생태학 간에는 개체군 생태학과 생물군집 생태학 간의 관계와는 달리 그들 간의 관계는 물질의 이동과 에너지의 전위라는 측면에서만 연관관계를 이해할 수 있다.

생태학에서는 수준문제와 더불어 계(System, 系)의 개념이 보편화되어 있다. Charles Elton(1927)은 Darwin의 '자연의 경제'(Economy of nature)에서의 생물의 위치를 구체화하여 생물이 생물군집 내에서 어떤 일을 하고 생물적 환경에서 어떤 위치를 차지하며 그의 먹이나 적과의 관계는 어떤 것인가 등을 생태적 지위(Ecological Niche, 生態的 地位)라고 하였는데 이것은 종 개체의 생활양식을 떠난 생물군집 내에서의 역할에 주목한 개념이다. 그리고 Tansley(1935)는 한 지역 내의 모든 생물과 비생물적 환경을 묶고 주로 물질의 순환과 에너지의 흐름에 주목, 기능계로 파악하고 이것을 생태계(Ecosystem, 生態系)라고 하고 그것은 무생물적 환경, 생산자, 소비자 그리고 분해자로 구성되어 있다고 하였다. Egler(1942)는 계란 '자연계에서 명백한 전체로 행동하며 그 자신 특성을 갖고 있으나 구성분으로 나눌 수 있는 것'이라고 하였는데 이것은 구성요소를 명백히 하고 그들 간의 상호작용관계로 계를 이해하려는 것이다.

그런데 계의 구조나 기능을 이해하는데 중요한 것은 계의 주체가 무엇인가 하는 문제이다. 예를 들면 초지의 천이를 대상으로 할 때 그의 주 대상은 물이 될 수도 있고 토양이 될 수도 있으며 방목하는 가축일 수도 있으며 인간의 간섭일 수도 있다. 이때 풀을 대상으로 한다면 가축의 방목, 인간의 채초, 불 지르기, 토성의 변화 등은 대상인 풀에 대한 환경요인이 되겠다. 그러나 이때 대상이 가축이라면 먹이가 되는 풀, 인간의 초지관리, 가축의 물 먹는 곳, 가축이 쉴 수 있는 나무 그늘 등이 환경요인으로 중요한 것이 되겠다. 이것은 같은 A, B, C, D..... 등의 요소로 된 생태계(S)라고 하여도 S=ʃ(A,B,C,D.....)만이 아니고 A로 주체로 한 생태계 S(A)=ʃ(B,C,D.....)가 되고 S(B)=ʃ(A,C,D.....)가 되는 등 구체적 구조를 대상으로 그의 해석을 진행해야함을 뜻한다. 주체가 명백하지 않으면 요소를 평면적으로 나열한 것이 되기 쉬워 계의 명백한 기능 파악에 주는 도움에는 한계가 있겠다.

끝으로 생태학의 대상인 생물과 환경조건은 정상적(Static, 定常的)인 것이 아니고 생물은 생장하고 발육하며 환경조건은 장소와 시간에 따라 변화한다. 그리고 생태학에서는 환경조건이 생물에 미치는 영향을 그의 종류와 크기로 파악 평가한다.

생물과 환경과의 관계에 있어서 유리한 조건이나 불리한 조건은 조건 자체와 더불어 조건이 시작되는 시기, 그의 지속기간 그리고 크기와 변동 폭 등이 깊은 관계가 있으며 이런 것들은 생물의 한 세대를 기준으로 생활사 또는 생활환의 진행과정과 관련시켜 평가되어야 하겠다. 예를 들면 고온의 경우 그것이 알이나 유충, 번데기 그리고 성충에 미치는 영향은 차이가 있다. 따라서 환경조건의 평가는 생활사의 발육단계와의 관계를 감안하여 이루어져야 하겠다.

생태학의 이론은 대부분이 법칙보다는 개념을 바탕으로 하고 있는데 생물적 계는 개방계로 균질이론을 적용하기는 어렵다. 여기서는 이와 같은 생태학적 개념들을 생물의 사는 곳 즉 서식처의 공간적 변이와 시간적 변동의 문제를 생물-환경계라는 측면에서 살펴보려고 한다.

제1장
생물과 환경

주체를 둘러싸고 있는 외위를 그 주체에 대하여 환경이라고 한다. 개개의 세포나 조직을 주체로 한 환경(내환경)도 있을 수 있고 생물의 개체나 개체군 또는 생물군집의 환경은 그것을 둘러싸고 있는 자연 전체(외환경)가 되겠다. 생태학이 대상으로 하는 환경은 외환경이 주가 되겠다.

생물의 환경요인을 흔히 물리적, 화학적 또는 기후적, 토양적 요인 등과 같은 무생물적 요인과 같은 종의 다른 개체나 다른 종 개체들과 같은 생물적 요인으로 구별하며 전자는 생물이 분포나 번영의 정도를 좌우하는 1차적 요인 구실을 하며 생물적 요인들은 먹고 먹히는 관계나 경쟁, 협력 등이 관계를 통하여 종 개체군이나 생물군집 그리고 생태계 등의 구조와 그의 기능과 깊은 관계가 있겠다.

환경조건이 생물에 미치는 영향을 환경작용(Environmental action, 環境作用)이라고 하고 반대로 생물이 환경에 미치는 영향을 환경형성 작용 또는 반작용(Reaction, 環境形成作用)이라고 한다. 우리는 지금까지 환경이 생물에 미치는 영향을 주로 주목하여 왔다. 환경형성 작용에 대하여는 제2차 세계대전 후 인간의 환경에 미치는 영향이 주목받기 시작한 이래 현재에는 사막화의 문제나 토지개간이나 도시화의 문제에 많은 관심을 갖게 되었고 최근에는 생물군집이나 생태계의 구조나 기능과 관련 깊이 있는 연구결과가 많이 발표되고 있다(Ohgushi 등, 2007, Loreau, 2010, Hubbell, 2001).

그리고 생물들 간의 관계 즉 같은 종의 다른 개체와의 관계나 다른 종과의 관계를 상호작용(Coaction, 相互作用)이라고 하는데 이것은 주체-환경계에서의 주체의 수준과 깊은 관련이 있는 것으로 개체를 주체로 하면 같은 종의 다른 개체와 다른 종의 개체들의 환경이 되겠으나 개체군을 주체로 하였을 때는 다른 종의 개체들만이 생물적 환경이 되겠다.

이런 의미에서 생물과 환경과의 관계를 환경이 생물에 미치는 환경작용과 반대로 생물이 환경에 미치는 환경형성 작용으로 압축될 수 있을 듯하다. 그러나 생물들 간의 상호작용관계는 그의 특성 때문에 무기환경과의 관계와는 분리하여 생각하는 것이 보통이다.

제1절 주체-환경계의 개념

생태학은 환경과 생물의 관계에 관한 과학이다. Haeckel의 정의 이후 생태학은 대체로 생물사회학과 환경학이라는 두 가지 방향으로 발전해 왔다고 할 수 있겠다.

그리고 환경의 영향은 생물의 분포나 밀도에 미치는 영향을 주축으로 파악되고 분석되어 왔다. 그런데 환경요인이 생물에 미치는 영향은 공동체의 구성요소인 개체에의 영향을 통하여 현실화되나 개체군 수준에서는 출생률이나 사망률 그리고 분산 등에 미치는 영향을 통하여 밀도로 표현되며 생물군집수준에서는 분산이나 멸종 그리고 종분화 등을 통하여 종 구성의 다양성(종 풍부도나 종의 상대적 밀도)으로 구체화되며 생태계 수준에서는 생물생산성이나 물질순환상의 특성 변화로 표현되는 등 수준에 따라 평가 대상에 차이가 있다.

Haeckel이 생태학을 정의하였을 때에는 그가 생태학을 생물학에서 반응생리학의 한 분과로 취급하였던 점으로 보아 개체가 중심이었던 것이 분명하다. Bio-ecology를 제기한 Clements와 Shelford의 경우도 동물과 식물을 묶은 구집단위인 Biome의 개념을 제기하면서 생물적 자연을 체제론적인 견지에서 연구할 것을 강조하였으나 수준 문제에 대하여는 심각하게 생각하지 않았던 듯 하다. 그들은 자극과 반응 또는 요인-기능-형태 등의 관계를 주축으로 생리학적 견해를 생물군집에도 개체에서와 마찬가지로 적용하려 하였는데 이것은 그들의 초유기체(Superorganism, 超有機体) 개념에서도 읽을 수 있다.

생물학이 Descartes-Harvey 이래 기계론적인 견지에서 이화학적 방법을 구사 대상을 하향적으로 양적이며 실험적인 분석을 주축으로 연구하여 왔는데 생태학에서도 하위수준을 연구하는 것으로 본질을 구명할 수 있을 것이라고 생각하는 경향이 강하였다.

그러나 하위 수준의 지식으로 상위 수준의 현상을 재구성할 수 있을 것이라는 생각은 현재의 단계에서는 일종의 환상이다. 본질은 하위 수준에 있는 것이 아니고 각각의 수준에는 그에 고유한 본질 또는 법칙성이 존재한다는 사실을 깊이 인식할 필요가 있다. 물론 이것은 수준 간의 단절을 뜻하는 것이 아니고 각각의 수준의 실태를 파악하고 그것을 토대로 그들 수준 간의 연계관계를 찾는 것이 중요하다는 뜻이다. Mayr (2004)는 '생물학의 고유성'을 논하면서 창발성(Emergence, 創發性)에 관하여 논하면서 망치 머리와 망치 자루는 제대로 묶였을 때 비로써 망치로써의 기능이 생기는 것으로 따로 떨어져 있을 때는 망치의 기능을 없다고 하고 이와 같은 새로운 질적 변화를 창발현상(Emergence, 創發現象)이라고 하였다. 이런 현상은 생물계에서는 흔한 현상으로 상위 단위는 그의 구성요인의 특성만으로는 이해할 수 없고 그들의 구조적 짜임새를 이해할 필요가 있다. 이런 창발현상으로 생긴 새 표현형은 단절적인고로 Darwin의 점진적 진화이론에 위배된다고 하는 학자들도 있으나 이것은 개체군내의 표현형적 변이와 개체군의 유전적 변이를 동일시한데서 기인한 것이다. 개체군내에서 일어나는 진화적 변이와 관련 표현형에서 생기는 다소간의 외형적 불연속성은 어쩔 수 없는 일이다.

진화상의 창발현상은 추상적인 것이 아니고 실제적 현상이다. 이 개념은 지금까지 진화과정에 대한 기계론적인 설명이 어려웠던 현상들을 설명하는데 크게 도움이 되었으며 그에 따라 진화과정을 설명하는데 있어서 새로운 특성의 출현 설명에 어떤 종류의 추상론도 도입할 필요가 없게 되었다.

생물적 수준의 문제는 수준에 따르는 법칙성의 차이를 구체적으로 밝히고 하위 수준에 관한 지식을 상위 수준에 기계적으로 적용할 수 없다는 것인데 이것은 전체란 구성요인들의 단순한 산술화적인 것 이상이라는 것을 뜻한다.

생물적 수준을 구성하고 있는 요인들은 서로 관련을 갖고 있다. 따라서 여기에는 일종의 체제(Organization, 体制)나 통일성을 가진 실체(Entity, 實体) 그리고 제일성(Uniformity, 齊一性) 등이 있게 마련이다.

한편 Gleason(1926)은 생물군집은 유기체나 단위가 아니고 단순한 생물특성들 간의 일치(Coincidence)에 불과한 것이라고 하고 군집구성종의 개별성을 바탕으로 한 개별설(Individualistic Concept, 個別說)을 주장하였다. 그 후 Schmid(1942)도 식물군집은 여러 가지 유형의 집합체로 구심적인 체계화가 되어 있는 것은 아니어서 통일된 유기체로 보는 것은 적절치 않다고 하였다. 그리고 일본 Imanishi(1949)의 분주이론(Habitat Segregation, 分住理論)(생활양식이 비슷한 생물들이 각 종의 요구하는 면에서는 같은 곳에 살 수 있으나 경쟁 때문에 사는 곳을 달리한다는 이론), Whittaker(1952)의 환경경도분석(Gradient Analysis, 環境傾度分析)(어떤 지역의 생물군집의 종 구성을 환경조건의 경도와 관련시켜 분석하는 방법), Goodall(1954)의 서열법(Ordination, 序列法)(대상 식생 중 많은 식분(Stand, 植分)을 종 구성이나 양적 척도를 바탕으로 식분간의 유사도를 구하여 각 식분의 위치를 좌표화 하여 비교하는 방법) 그리고 Cutis 등(1951)의 연속체지수(Continuum Index, 連續體指數)(군집은 여러 가지 종 개체군의 분포가 중복된 연속체라는 것) 등의 해석은 이런 견해를 반영한 것들이라고 생각된다.

그런데 공동체가 하나의 명백한 실체를 가진 어느 정도 폐쇄된 계라는 입장에서 생물들은 적합도(Fidelity, 適合度)(상재도, 우점도, 활력도 등을 바탕으로 한 어떤 종이 갖는 특정 군집과의 결합 정도를 말함)에 의하여 생물들 간의 결합관계를 바탕으로 한 생물군집 분류체제도 있다. 이때 생물군집이상의 수준은 분류학에서 말하는 종 이상의 분류단위와 같은 뜻을 가진 추상적 집합으로 생각되는데 생물들의 공존에 따르는 생물군집의 전체성을 비유적으로라도 개체에 비유하는 것은 문제가 있겠다. 그러나 공동체를 생물들 종 사회의 단순한 중복으로 해체해 버리는 것도 옳은 일은 아닌 듯하다. 현실적으로는 중복된 것으로 취급되어도 중복하는 종간 또는 생물과 환경 간에는 상호작용관계가 있는 고로 이런 상호작용관계를 바탕으로 공동체 구조의 필연적 부분을 추구하는 것이 생물적 자연을 이해하는 데에는 주요한 것이 되겠다. 그리고 생물군집 이상의 수준에서 볼 수 있는 종간의 결합, 종류군 간의 관계(예를 들면 목초지에서의 벼과식물과 콩과식물간의 관계), 생활형간의 관계 등에 관한 실태를 참작하면 각각의 생물군집이 갖는 공동체로써의 특성을 보다 깊이 있게 이해할 수 있을 듯하다.

생물의 집단적 현상에 관하여는 Theophrastus의 식물분포에 관한 관찰을 비롯하여 단순한 기재적인 생물집단의 존재나 분포(주로 입지적 분포)에 관한 것은 상당히 많다. 이와 같은 정적인 집단학은 근대까지도 목적론적 생태학의 형태로 이어졌는데 이것은 Natural History(자연지, 自然誌)의 전성기를 이룩하였으며 그것이 집대성된 것이 Buffon의 자연지(Histoire Naturelle)라 하겠다.

19세기초 Humbolt(1769~1857)는 세계각지를 여행하면서 각지의 식물상관의 차이에 주목, 식물을 분류학적 종을 떠난 16개의 형(형태적)으로 분류하고 이것과 기후조건을 관련시켜 그 후의 식물의 생활형(Life Form, 生活形) 분류의 기초를 마련하였다. 여기서 생활형이란 식물의 생활양식을 반영한 개체의 전체 또는 부분 모두에 적용되는 것으로 환경조건의 특성을 반영한 표현형이다.

MacArthur와 Wilson(1967)은 개체군의 성장을 나타내는 Logistic 곡선에서의 증가율(r)과 그 조건에서의 최대밀도(K)와 관련 생물을 진화전략에 따라 r-전략생물과 K-전략생물로 분류하고 그들에서의 특성은 표 1-1과 같다고 하였다.

표 1-1. r-전략생물과 K-전략생물의 특성. (MacArthur와 Wilson, 1967)

	r-전략생물	K-전략생물
생활사	짧다	길다
몸의 크기	작다	크다
분산력	크다	적다
사망률	밀도의존성이 크다	생존율이 크다 (특히 유충기)
번식률	크다 혼서	작다, 반복생식 세력권형성
종내경쟁	공멸형	경쟁형
종간경쟁	약함 시간이용효율이 높다 밀도한계를 초월하는 수가 많다	강함 자원이용효율이 크다 밀도 한계를 초월하는 수가 적다
개체군 밀도	불안정	비교적 안정
H/r	작다	크다

H : 증식에 유리한 기간, r : 세대기간

표에서 보는 바와 같이 두 생물군의 진화전략은 증식, 휴면, 분산 그리고 생물들 간의 상호관계 등에서 상당한 차이가 있음을 알 수 있다.

한편 Darwin은 생물공동체의 구성문제를 기능적 측면에서 파악하여 생존경쟁을 생물진화의 주요인으로 인식함으로써 Humboldt의 정적 생물학을 동적인 수준으로 격상시켰다고 할 수 있겠다. 물론 생물진화의 문제는 생태학을 뛰어 넘은 문제이기는 하나 진화요인과 관련 생태학적 연구의 중요성을 확고히 하였다는 점에서 Darwin을 생태학의 생부라고 하는 말은 지나친 것은 아닌 듯하다.

Tansley(1935)는 생물공동체의 개념은 생기론적이기 때문에 이런 점을 피하기 위하여 유기체(Organism, 有機體)가 아닌 계(System, 系)라는 말을 적용하여 무생물적 환경과 생물적 요인을 묶어 생태계(Ecosystem, 生態系)라고 하고 생태계는 물질의 순환과 에너지의 흐름에 의하여 조직화된다고 하였다.

제 2 절 생활계의 개념

과학은 무엇이라는 주제의 파악에서 출발하여 그것이 어떤 원인에 의한 것인가를 밝히고 그런 결과를 낳는 과정을 밝히는 것이라고 할 수 있다. 생태학은 자연계에서 일어나는 여러 가지 생물학적 현상을 환경조건과의 관련 하에 파악하고 관련 요인에 어떤 것이 있으며 그 요인들이 어떻게 하여 그와 같은 생물학적 현상을 낳았는가를 밝히는 과학이다.

생물은 종류에 따라 환경조건에 대한 반응에 차이가 있다. 어떤 지역에 살고 있는 생물들 모두와 그 지역 내의 무생물적 요인을 묶은 개념이 생태계(Ecosystem)이다. 생태계내의 환경조건 중 한 생물의 생물학적 현상에 직접적인 관계가 있는 환경요인을 유효환경(Effective Environment, 有效環境)이라고 한다.

한 생물의 분포(존족)나 밀도와 같은 생물학적 현상은 그 생물의 유전적 특성과 유효관경에 의하여 결정되는데 이것을 Clark 등(1967)은 생활계(Life Syetem, 生活系)라고 하고 그 종의 유전적 특성과 유효환경을 그 생물의 밀도를 결정하는 공동결정요인(Co-determinant, 共同決定要

因)이라고 하였다. 이 밀도의 공동결정요인은 그 생물의 생물학적 특성을 통하여 그 생물 개체군의 밀도를 결정하겠다. 따라서 이 공동결정요인은 그 개체의 생식과 이동을 통하여 개체군의 밀도에 영향을 미치는 동시에 생식전의 사망이나 출산율의 감소 그리고 이동에도 관련이 있겠다.

한편 밀도 공동결정요인은 생태학적 현상과 그의 과정을 통하여 파악되겠다.

생태학적 현상으로는 출생이나 사망 그리고 이동과 같은 생활사나 연간 세대 수 등과 같은 개체군의 밀도와 관련된 일차적 현상과 일차적 현상의 크기, 범위, 빈도 그리고 기간과 같은 2차적 현상이 있는데 이것은 개체군에 다음과 같은 방법으로 영향을 미친다. 그 하나는 개체의 존재와 관련 자원공급에 영향을 미치는 것으로 무생물적 요인과 경쟁자나 협력자와 같은 생물적 요인이 포함되겠다. 다른 하나는 직접 그 생물의 생존에 영향을 미치는 것으로 무생물적 요인이나 포식자, 기생자, 병원생물, 기타 대상 생물의 밀도에 직접 영향을 미치는 것이 있겠다.

생태학적 과정에는 개체군 밀도 증가에 도움이 되는 것과 부담이 되는 것이 있겠다. 도움이 되는 것으로는 생존이나 생식을 증대시키는 것으로 환경자원의 조성, 개체들의 발육이나 생장 그리고 이입 증대, 천적활동의 감소를 초래하는 요인 등이 있겠다.

부담이 되는 과정으로는 개체들의 생식 전 사망률의 증대나 출산율의 감소가 있겠으며 여기에는 종내 경쟁이나 동족 살상과 같은 동종 내의 문제, 천적류 불리한 무생물적 환경 요인, 먹이와 같은 자원공급을 감소시키는 무생물적 요인 등이 있겠다. 이들 과정은 개체군 밀도 증가에 도움이 되는 요인과는 반대되는 것이 보통이나 어떤 경우에는 개체군 밀도 증가에 도움이 되는 수도 있겠다. 예를 들면 대상 종 개체군이 부족한 자원에 대하여 심한 경쟁을 할 때의 포식 작용은 개체군 밀도 증가에 도움이 될 수도 있겠다.

한편 생활계의 과정에는 개체군의 밀도와 관련 밀도 독립적 과정과 밀도 의존적 과정이 있겠다. 밀도 독립적 과정(Density Independent Process, 密度 獨立的 過程)이란 밀도와는 무관한 과정으로 일정 비율의 개체를 소비하는 어떤 종류의 포식 현상이나 사과나무에서의 코드링나방의 경우와 같이 개체군 밀도와는 무관하게 사망하는 경우를 말한다.

밀도 의존적 과정(Density Related Process, 密度 依存的 過程)이란 즉각적일 수도 있고 시차를 두고 일어나는 수도 있다. 이런 현상은 대상 개체군이 거의 모든 밀도 범위에 걸쳐 일어날 수도 있고 일정한 밀도 범위에 한하여 일어나는 수도 있다. 밀도 의존적 현상은 어떤 경우에는 밀도의 증가에 따라 증대하기도 하고 감소하기도 한다. 또 어떤 경우에는 그 영향은 개체군 밀도가 어느 밀도에 달할 때까지는 증가하나 그 이상에서는 감소한다. 먹이에 대한 종내 경쟁과 같은 밀도 의존적인 불리한 영향은 개체군의 개체 당 자원량의 변동에 따라 자동적으로 작용

그림 1-1 생활계 구성요인들 간의 관계. (Clark 등, 1967)

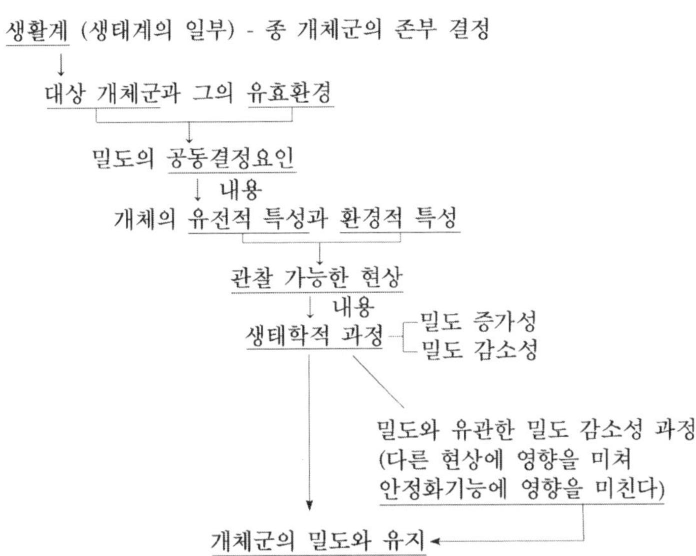

하기도 한다. 그리고 포식 작용과 같은 것에 있어서도 그의 포식수는 밀도의 증가에 따라 증가한다. 그러나 그 수는 확률적인 것으로 일관성이 있는 것은 아니다. 이때의 영향은 대상종의 수보다는 기상조건이나. 대체먹이의 양과 같은 다른 조건의 영향을 더 많이 받는다. 생활계의 구성요소들과 그들 간의 관계는 그림 1-1과 같이 생각할 수 있겠다.

개체군 밀도가 증가하면서 커지는 영향(효과)은 개체군 밀도의 조절 작용과 관련 많은 연구가 있어 왔다. 조절작용이란 조절을 받는 것의 변동에 대응적인 것이 아니면 그의 기능을 발휘할 수 없는 것으로 이것은 사이버에티스에서의 피드백 문제와 같은 내용으로 개체군의 무한한 증가를 조절하는 안정화 기능의 구실을 하겠다. 물론 이것이 안정화 기능을 발휘하느냐의 여부는 생활계 내에서 일어나는 다른 과정의 영향을 받겠다.

제 3 절 자연생활계의 예

- 우리나라 벼 중요해충의 발생상황 변동 -

자연 생태계는 오랜 시간에 걸쳐 생물과 환경요인간의 상호작용에 의한 결과 생산물로 그의 구성요소들 간에는 어느 정도의 균형이 짜여져 있다. 그런데 작물을 중심으로 한 농생태계는 자연 생태계의 일부이기는 하나 인위적 요인이 크게 작용하고 있는 생태계이다. 즉 농생태계의 중심이 되어 있는 작물이란 수량이나 품질을 목표로 선발 육성되면서 병해충이나 기타의 외적 환경조건에 대한 저항성은 무시 또는 경시 되었으며(따라서 인위적 보호가 제공되고 있다) 작물 재배는 관리의 편이 등을 위하여 단일 품종으로 제한하고 있고 재배 시기나 방법도 통일 되어 있어 어떤 시기의 작물의 생육상태는 넓은 면적에 걸쳐 균질화 되어 있는 등 불리한 환경조건에 대한 취약성을 갖고 있는 것이 특징이다.

우리나라 농업은 1960년대 이후에 질적으로나 양적으로 눈부신 발전을 거듭하여 왔으며 적어도 쌀 생산에 있어서는 자급을 달성하였다. 이것은 벼 품종의 육성과 여러 가지 재배기술의 발전에 힘입은 것은 두말할 필요가 없겠다. 그러나 이와 같은 벼 재배법의 변화는 그에 발생하는 병해충의 생활계에도 큰 영향을 미쳐 병해충 발생 시기나 발생량 그리고 그들의 상대적 중요도에도 많은 변화를 초래하였다.

다행히도 우리나라에서는 작물이나 삼림에 발생하는 병해충류의 발생 시기나 발생량 등을 해방 후부터 조사해 왔으며 특히 1960년대 이후에는 정책적 뒷받침에 힘입어 심도 있는 조사가 이어져 왔다. 이 자료는 병해충 발생 변동의 원인을 구명하고 농업환경 변동이 병해충 발생에 미치는 기작을 이해하여 그들의 효과적 방제법 구명에 중요할 뿐 아니라 그들 생활계의 기능 양식을 구명하여 앞으로의 해충생태학 발전에 극히 중요한 자료가 되고 있음은 물론 나아가서는 환경문제의 합리적 해결에도 큰 도움이 될 것으로 생각된다.

1. 우리나라 벼 주요 해충의 발생상황 변동 개황

우리나라 벼 주요 해충의 발생상황 변동을 보면 표 1-2와 같다.

표 1-2. 한국에서의 주요 수도 해충류 발생추이. (농진청, 1997)

해 충	1950년대	1960년대	1970년대		1980년대		1990년대
			전반	후반	전반	후반	
이화명나방	+++	++	++	+	+	+	+
혹명나방	+	+	++	++	++	+	+
벼멸구	+	++	+++	+++	+++	+++	+++
흰등멸구	+	++	+++	+++	+++	+++	+++
애멸구	+	+++	+	++	++	+	+
끝동매미충	+	+	++	++	+	+	+
물가파리류	+	+	++	+++	+++	+	+
벼잎벌레	+	+	++	++	++	++	+
벼물바구미						+	+++

표의 9종 해충류 중 혹명나방, 벼멸구 그리고 흰등멸구 등 3종은 우리나라에서는 월동하지 못하고 매년 중국 양자강 유역에서 장마 전선을 타고 비래하는 해충이고 벼물바구미는 1988년경 외국으로부터 침입한 해충이며 나머지 5종은 우리나라 토착종이다.

그림 1-2, 이화명나방의 전국 발생상황 변동. (박, 1977)
좌 : 1968~1972, 우 : 1973~1977

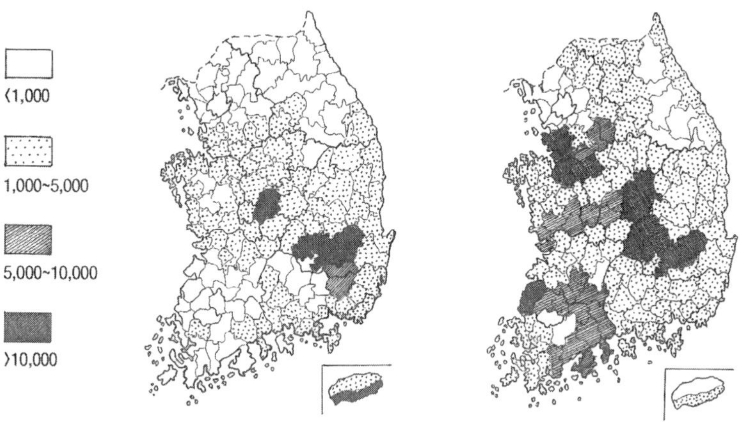

그림 1-3. 애멸구의 전국 발생상황 변동. (박, 1977)
좌 : 1968~1972, 우 : 1973~1977

그림 1-4. 끝동매미충의 전국 발생상황 변동. (박, 1977)
좌 : 1968~1972,　우 : 1973~1977

우리나라에서의 벼의 중요 해충류의 발생 상황은 1970~1980년대를 중심으로 많은 변화가 있었다. 이화명나방은 1970년 전반까지는 과거의 발생추세를 유지해 왔으나 중반부터는 감소하였고 벼잎벌레는 1970년 이후 발생이 많았으나 1990년 이후에는 감소하고 있으며 애멸구와 끝동매미충은 1970년대에 증가하였으나 1980년대 후반 이후는 감소하고 있다. 그런데 특이하게도 외국으로부터 비래하는 벼멸구와 흰등멸구는 1970년대 이후에 계속하여 위협이 되고 있다. 우리나라 토착 해충 3종의 전국적 발생상황 변동을 보면 그림 1-2, 1-3, 1-4와 같다.

그림 1-2, 3, 4에서 비교 대상 연간에 발생량의 증감은 있으나 발생 양상에는 종에 따르는 특성이 있다. 즉 해충에 따라 비교적 많이 발생하는 지역과 적게 발생하는 지역은 1970년대 이전이나 중반이후나 같은 경향을 보이고 있으며 다만 발생량에는 비교 연대 간에 차이가 있다. 이것은 우리나라의 기후대에 따르는 이들 해충류의 생활계의 전반적 특징에는 변화가 없고 다만 경종약식의 변동에 의한 환경의 변화가 영향을 미쳤음을 시사하는 것이라고 할 수 있겠다.

이화명나방은 동남아시아를 중심으로 동쪽으로는 하와이에서부터 서쪽으로는 스페인과 프랑스에 이르는 넓은 지역에 분포하며(Miyashita, 1982) 우리나라를 비롯하여 중국 등지에서는 옛날부터 벼의 중요한 해충의 하나였다.

우리나라에서 이화명나방은 1년 2회 발생하며 노숙유충으로 볏짚이나 벼그루 속에서 월동한다. 유충이 벼줄기를 가해하여 벼의 얼자(가지)수를 감소시키고 백수(흰이삭)가 생기게 하여 수량을 감소시키고 품질을 저하시키는 해충이다. 그림에서 보는 바와 같이 1972년경 까지는 거의 전국에 걸쳐 발생이 많았고 지역적으로는 충남북과 전북 이리지방에 걸쳐 특히 발생이 많았다. 그런데 1973년 이후에는 전국적으로 발생이 적어 졌는데 그의 지역적 발생 특성은 이전과 큰 차이가 없다.

애멸구는 최근 중국에서 일부 비래하는 것이 알려지고 있으나 우리나라에서는 90% 이상이 4령 약충으로 논둑 등의 잡초에서 월동하여 4월 초순경 맥전으로 이동하여 한 세대를 거친 후 6월 중순경 벼로 이동하여(전과 현, 1975) 3~4세대를 거치는 해충으로 흡즙에 의한 직접적인 가해도 있으나 줄무늬잎마름병이나 검은줄오갈병을 매개한다. 표 1-2에서 보는 바와 같이 이 해충의 발생량은 1950년대에는 많지 않았으나 1960년대부터 발생량이 증가하여 그 추세는 1980년대 전반까지 이어지다 1980년대 후반에 들어서면서 감소하고 있다. 이 해충의 발생상습지는 경북 내륙지역을 비롯 경기 남부 그리고 전남북의 일부지역이다.

끝동매미충은 3~4령 약충으로 논둑이나 밭 등에서 월동하여 독새풀에서 한 세대를 경과한 후 5월 하순~6월 상순에 벼로 이동하여 벼에서 4~5세대를 경과하며 흡즙과 오갈병을 매개하는 해충이다. 이 해충의 발생량은 1970년대에 많았으며 그 이전이나 1980년대 이후에는 발생량이 많지 않다.(표 1-2). 이 해충의 지역적 발생특성을 보면 전남지역을 제외한 서해안 지역전체와 경북 내륙지역에 발생량이 많으며 특히 이 해충의 발생이 많았던 1973~1975년간에는 그 경향을 명백히 볼 수 있다(그림 1-4).

이화명나방의 발생 생태문제는 후에 보다 상세히 설명하기로 하고 여기서는 애멸구와 끝동매미충의 발생 상황 변동을 살펴보려 한다. 이 두 해충은 모두가 노숙 약충으로 주로 논밭의 잡초 사이에서 월동하며 월동 후의 한 세대를 애멸구는 맥류, 끝동매미충은 독새풀에서 경과한 다음 벼로 이동한다. 이동에 있어서 월동 후 한 세대만이 환경적으로 큰 차이가 있고 잔여기간 중에는 거의 같은 환경에서 지내는 것으로 생각된다. 물론 상세한 점에서는 차이가 있다.

우리나라 맥류 재배면적의 변동 상황을 보면 표 1-3과 같다.

표 1-3. 우리나라 맥류 재배면적 변동. (농수산부, 2004) (단위 : 1000ha)

	1965	1970	1975	1980	1985	1990
겉보리	441	342	322	111	64	37
쌀보리	386	388	386	186	101	78
계	827	730	708	297	165	115

우리나라 맥류 재배면적은 식량자급 정책에 힘입어 1960년대 후반 크게 증가하였으나 1970년대 후반부터는 미곡 자급량의 달성과 농지의 이용 다변화 등으로 급속히 감소하였다. 이런 맥류 재배면적의 감소는 애멸구 월동 후 제1세대에 대한 자원(맥류)의 감소를 뜻하는 것으로 이것은 표 1-2의 애멸구 발생상황(농수산부, 2004)을 뒷받침하고 있다. 즉 1960년대의 애멸구 발생량 증가는 큰 맥류 재배면적으로 그리고 1980년대 후반의 밀도 감소는 감소한 맥류 재배면적이 원인이 있었음을 이들 자료는 말해주고 있다.

끝동매미충의 발생 추이는 애멸구의 그것과 거의 비슷한 양상을 보이고 있으나 다만 다발생한 기간이 1970년대로 그 전과 후에는 감소하고 있다(표 1-2). 1970년대의 많은 발생의 원인은 확실치는 않으나 표 1-4에서 보는 바와 같이 통일계 품종의 보급을 계기로 이앙기가 13일 정도 빨라지고 있는데 이것이 1970년대의 많은 발생의 원인이 되었던 것은 아닌가 추측된다. 이 해충은 월동 후 1세대를 독새풀에서 경과하는데 이 잡초의 생태는 끝동매미충 발생과 깊은 관계가 있다. 그림 1-5는 일본에서 겨울철 휴한답을 그대로 둔 경우와 갈아 독새풀 발생을 억제하였을 때 그 지역의 끝동매미충이 매개하는 벼오갈병 발생상황이다.

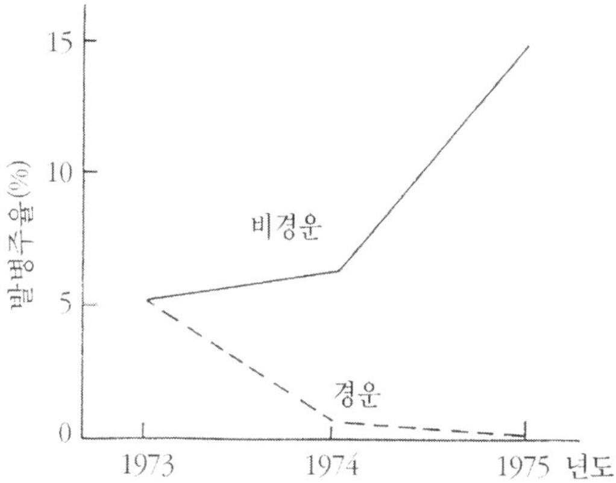

그림 1-5. 끝동매미충이 매개하는 벼오갈병 발병률과 겨울철 휴한답 처리와의 관계.
(Nakasuzi, Kiritani, 1976)

그림에서 보는 바와 같이 경운으로 독새풀의 발생을 억제하면 벼오갈병 발생이 적어지는 것으로 보아 독새풀 발생억제는 이 해충의 월동 후 제1세대의 발생에 영향을 미치는 것을 짐작할 수 있을 듯하다. 이와 같은 추론은 1980년대의 발생량 감소도 같은 맥락에서 추론할 수 있을 듯하다. 즉 1980년대 이후에는 추경의 일반화로 독새풀 발생이 영향을 받아 이것이 이 해충의 발생에 영향을 미친 것으로 생각된다. 그리고 이 해충의 발생량이 많아진 것이 1970년대였다는 점은 이 시기가 통일계 신품종의 보급기로 벼의 이앙기가 약 13일 정도 빨라진 시기인데 이것은 월동 후 독새풀에서 한 세대를 경과한 성충의 본답 이동시기를 감안할 때 정착률에 유리한 환경을 조성하였던 것으로 생각된다. 즉 독새풀 세대의 성충 출현 시기는 5월 하순~6월 상순인데 1970년대 이전에는 이앙기가 6월 중순 이후여서 본담에의 정착에 불리하였으나 이앙기가 약 2주 빨라지면서 성충의 정착에 유리한 조건을 제공한 것으로 생각된다. 이것은 1973~1977년간 이 해충의 다발생 지역이 주로 겨울 맥류 재배가 적은 서해안의 북부지역이었던 점을 생각하면 더욱 믿음이 간다.

2. 벼멸구와 흰등멸구

벼멸구와 흰등멸구는 우리나라에서는 월동하지 못하며 매년 6월~7월 중에 중국 화중지방에 발생하는 저기압을 타고 비래하여 논에서 3~4세대를 경과하면서 벼 줄기에서 흡즙 가해하여 벼의 등숙률 감소나 수량 감소를 초래하며 심하면 집중고사(Hopper Burn, 集中枯死)를 일으켜 수확전무 상태까지 일으킨다.

이들 해충의 피해는 옛날부터 돌발적이고 심하여 기근의 원인이 되기도 하였는데 1970년대 이후 벼의 재배법이나 비배관리의 변화 등으로 발생량이 증가하고 있다.

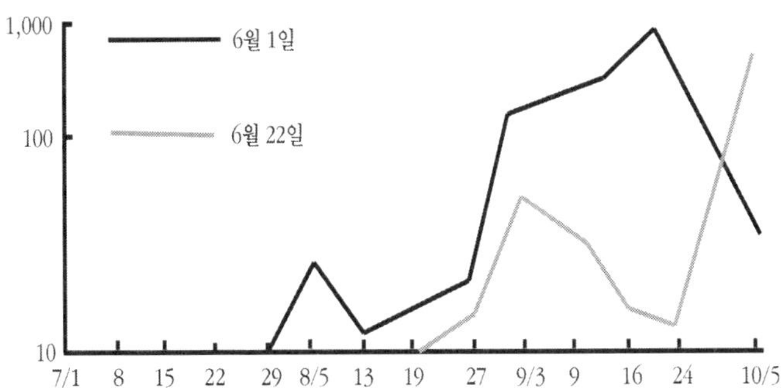

그림 1-6. 이앙기를 달리한 벼에서의 벼멸구 밀도 변동.
(품종 : 밀양 23) (농기연, 1977)

이 두 해충의 피해는 비래시기가 이르고 비래량이 많은 해에 발생이 많으며 품종에 따르는 차이가 있고 질소 시비량이 많으면 발생량이 많다는 것은 옛날부터 잘 알려진 사실이다.

그림 1-6은 이앙시기가 다른 벼에서의 벼멸구 밀도 변동 상황이다. 그림에서 보는 바와 같이 조기 이앙벼에서의 벼멸구 밀도 증가는 만식벼에서의 그것에 비하면 훨씬 빠르고 밀도도 높은데 만식벼에서는 9월 초까지 밀도가 증가하기는 하나 그 밀도는 그리 크지 않으며 그 후에는 밀도가 감소하고 있다.

표 1-4는 우리나라에서 통일계 신품종 도입(1970년대) 전후의 벼 재배시기의 변화이다.

표 1-4. 통일계 신품종 도입전후의 벼 재배시기의 변화. (김, 1979)

	도입 전	도입 후	차이(일)
파 종	5월 3일	4월 19일	11
이 앙	6월 19일	6월 6일	13
수 확	10월 21일	10월 8일	13

우리나라 벼의 재배 시기는 통일계 품종이 보급된 시기(1970년 초반)를 중심으로 크게 변하였다. 이 두 종 멸구의 비래 시기는 6월 하순~7월 상순인데 이 시기는 1970년대 이전에는 이앙직후의 아직 활착이 덜 되거나 활착 초기에 해당된다. 더욱이 1970년대 이전에는 수리 불완전 답 비율이 높은 시기여서 정착율도 낮았고 이들이 접하는 벼의 생육상태도 좋은 편이 못되었기 때문에 정착에는 불리하였던 것으로 생각된다. 그런데 1970년대 이후에는 이앙기가 빨라져 비래충은 이앙 후 2주 이상의 논에 정착하게 되어 벼의 생육상태는 증식에 유리하였고 수리 안전 답 비율의 증가로 정착율도 높았을 것이다.

이와 현(1984)은 여러 가지 생육단계(품종:풍산)에서 벼멸구를 사육하면서 벼의 생육단계가 벼멸구의 생육에 미치는 영향을 조사하여 산란전 기간, 산란 기간 그리고 산란 후 기간 등에는 큰 영향이 없었으나 성충의 수명은 유숙기 사육 개체에서 다른 생육단계에서 사육한 것에 비하여 짧았다. 그러나 가장 현저한 차이는 산란수에 미친 영향이었다.

표 1-5는 벼의 여러 가지 생육단계에서 사육한 벼멸구의 산란수이다.

표 1-5. 벼의 여러 가지 생육단계에서 사육한 벼멸구의 산란수. (이와 현, 1984)

벼 생육단계		최고분얼기		수임기		출수기a		출수기b		유숙기	
시형		M	B	M	B	M	B	M	B	M	B
수명	♀	22.4	22.5	17.5	15.1	20.1	17.9	20.7	24.0	20.4	13.6
	♂	26.8	22.0	24.4	15.8	23.2	20.2	23.8	22.5	16.3	18.5
산란수/♀		345.1	381.1	232.5	195.0	272.8	212.4	267.0	342.5	262.5	139.3
산란수/♀/일		15.4	15.5	12.9	10.8	12.9	9.8	12.5	14.0	12.8	7.9
부화율(%)		74.4	79.2	88.3	90.1	84.0	89.1	84.7	82.3	89.0	92.0

M: 장시형 B: 단시형 a: 완전히 출수케 한 것 b: 출수직후 유수를 제거한 것

산란수는 일반적으로 알려진 바와 같이 단시형이 장시형보다 많다. 그리고 날개형과는 관계없이 최고 분얼기에서 자란 성충의 산란수가 가장 많고 출수 후 유숙기에서 자란 것에서 가장 적어 숙주인 벼의 생육단계가 이 해충의 증식에 미치는 생물학적 영향에 차이가 있음을 알 수 있다. 특히 홍미 있는 것은 출수기에 유수를 제거한 것과 제거하지 않은 것에서의 산란 수 차이로 이것은 이삭의 제거는 동화 물질의 이삭으로의 이동을 막은 것인데 유수제거는 이런 벼의 체내 물질이동을 인위적으로 방해한 것이 이런 결과를 초래하였다고 생각된다. 특히 그 차이가 이동형인 장시형에서는 거의 없으나 증식형인 단시형에서 크다는 것은 이런 추론을 뒷받침하고 있는 듯하다.

한편 벼의 생육단계에 따르는 동화물질의 각 기관으로의 전류 상황을 보면 표 1-6과 같다.

품종에 따라 다소의 차이는 있으나 출수기를 전후하여 이 해충이 흡즙하는 엽초로의 동화물질 전류율은 큰 차이가 있다. 즉 출수 전에는 동화물질의 엽초로의 이동(40~60%)은 많으나 출수 후에는 이삭으로의 이동이 많아지면서 엽초에 저장되어 있던 것 까기 이삭으로 이동하고 있음을 보여주고 있어 앞서 설명한 병의 생육단계가 이 해충의 산란수

표 1-6. 벼의 생육단계에 따르는 동화물질의 전류. (Sujuki, 1976)

품 종		생육단계				
		-9/-6※	-6/-3	-3/0	0/3	3/6
풍년조생	엽초	43.7±5.7	49.7±3.5	63.4±4.2	-20.3±17.1	-16.4±23.6
	뿌리	19.2±8.2	14.7±3.6	4.1±5.4	-2.6±9.1	-7.0±11.7
	계	62.9	64.4	67.5	-22.9	9.4
	이삭			19.5±8.2	132.6±15.7	102.2±17.9
만 량	엽초	44.8±5.6	59.3±5.1	60.4±5.4	-50.2±354.6	-78±35.6
	뿌리	18.7±5.4	8.5±5.6	-0.9±5.1	1.9±4.9	22.4±16.2
	계	63.5	67.8	59.5	-48.3	-30.2
	이삭			28.6±5.5	168.6±87.8	172.5±56.3

※ 출수일을 0으로 함

에 미친 영향을 짐작할 수 있게 하며 특히 이삭을 제기하였을 때의 이해충 산란수에 미친 영향을 이해할 수 있게 하고 있다.

Kuno(19687)는 일본에서 벼멸구의 증식동태를 야외포장에서 조사하고 그의 증가율은 비래 후 제1세대, 제2세대 그리고 제3세대에서 각각 1.722, 0.873, 0.567(모두 대수치)라고 추정하였는데 이런 값은 비래 후 제1세대의 증식기가 분얼최성기에 해당하는 것으로 추정되어 위의 추정과 조기 비래량이 대발생과 깊은 관계가 있다는 것을 뒷받침하고 있다고 생각된다.

이상 우리나라 벼 주요 해충류의 1970년대 이후의 발생상황 변동추세를 개관하였다. 이와 같은 생물군집에 관한 장기적 변동 동태에 관한 연구는 생물군집의 안정성이나 생태계의 탄력성 이해에 기초가 되는 중요한 것이나 개체군의 밀도변동은 그 종의 밀도변동이나 종간 관계에 미치는 환경조건변화의 직접적 영향을 받는 것이어서 그의 영향을 밝히기는 힘들다. 따라서 생태계 내에서 기능하고 있는 · 간접적인 기능의 실태를 이해하는 것은 생물군집 생태학과 생태계 생태학을 통합하는데 극히 중요한 일이라고 하겠다.

3. 이화명나방

이화명나방(*Chilo suppressalis*)은 동남아시아를 비롯하여 동쪽으로는 Hawaii로부터 서쪽으로는 Spain이나 France에 이르는 넓은 지역에 분포하는 해충으로(Miyashita, 1982) 우리나라를 비롯하여 일본, 중국 등지에서는 예부터 벼의 중요해충의 하나가 되어 왔다.

우리나라에서 이 해충은 극히 일부지역을 제외하고 대부분의 지역에서 연간 2회 발생하며 노숙유충으로 볏짚이나 논의 볏구루 속에서 월동한다. 제1회 성충(봄나방)의 발아최성기는 6월 중순이고 제2회 성충(여름나방)의 발아 최성기는 8월 중순이다.

월동유충의 치사율은 볏짚 속에서는 47~49%, 논에서는 23~26%로 볏짚 속에서 다소 높으며 월동 유충에서의 대부분의 치사는 5월 하순경 용화직전의 전용기에 일어난다(현, 1973). 봄나방은 벼잎 끝에 약 300개의 알을 5~6개의 무더기로 낳는다. 부화유충은 토한 실을 타고 바람에 실려 분산한다. 이때의 유충피해는 가해를 받은 잎집이 갈색으로 변하고 잎이 시들며 줄기 속에 들어가면 심고경(心枯莖)이 생긴다.

여름나방은 잎집 또는 벼 하엽 뒷면에 200~300개의 알을 4~5개의 무더기로 낳으며 부화직후의 유충은 봄나방의 유충과는 달리 잎집 속에서 군서하며 가해부위는 갈색으로 변한다. 줄기가 말라 죽으면 다른 줄기로 분산하여 결국에는 줄기 하나에 한 마리가 있게 된다. 가해를 받은 벼는 갈색으로 변하고 줄기에 들어가면 가해 받은 시기에 따라 백수(죽은 벼이삭)를 비롯한 여러 가지 피해 증상이 나타난다.

Kiritani(1988)는 일본에서 40년간의 이 해충 발생상황을 유아등에 유살된 성충수를 토대로 발생상황을 검토하여 1960년대 이전까지는 유살량이 증가하였으나 1960년데 초반부터 유살량이 감소하기 시작하였는데 그 감소 경향은 1970년대 이후에 뚜렷하였다고 하고 이와 같은 이 해충의 발생량 감소의 원인은 살충제 사용보다는 벼의 조기재배, 볏짚의 처리, 벼의 조기 수확, 규소비료 사용량의 증가 그리고 콤바인 수확의 보급 등과 같은 재배기술의 변화에 따르는 환경조건 변화가 보다 중요한 의미가 있다고 하였다.

우리나라에서 1965년부터 1988년까지 전국 39개 병해충발생 예찰소 유아등에 유살된 이화명나방의 유살수 변동 상황을 보면 그림 1-7과 같다.

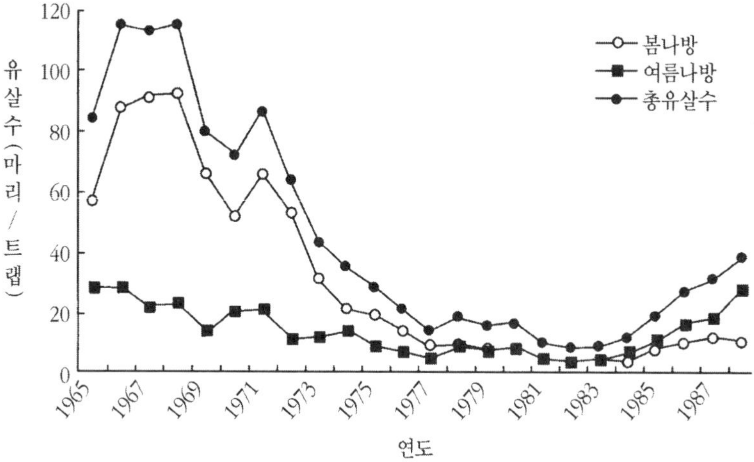

그림 1-7. 전국 39개 병해충 발생 예찰소 유아등에 유살된 이화명나방의 유살수. (단위 : 1000). (박과 현, 1990)

이 해충의 유살수는 1960년대 말까지는 약 11만마리던 것이 1970년대 초부터 급격히 감소하여 1970년대 중반 이후에는 약 2만 마리로 감소하고 1980년대 중반 이후 약간 증가하고 있다. 그런데 이와 같은 유살수 변동은 대부분이 봄나방에서 이고 여름나방의 유살수 변동은 그리 크지 않다. 여름나방의 유살수는 1970년 이전에는 2~3만 마리 정도였으며 1980년 중반 이전까지 약간 감소하였으나 그 이후는 봄나방의 유살수를 능가하고 있다.

유아등의 유살수는 바람이나 습도 기타의 기상조건의 영향을 받기는 하나 이 해충의 야외발생상황을 상당히 충실하게 반영하는 것으로 알려지고 있다. 위의 유아등 유살성적을 토대로 생각할 때 이 해충의 환경조건이 1970년대 이후에 큰 변화가 있었음을 짐작할 수 있을 듯하다. 그간 기후조건이 특별히 변화한 것이 없었던 고로 이와 같은 발생상의 변화는 재배환경조건의 변화에 의한 것임을 짐작할 수 있다. 그리고 봄나방의 유살량이 여름나방의 그것에 비하여 큰 영향을 받았다는 것은 봄나방을 낳은 제2세대 즉 8월부터 다음해 6월까지의 환경조건이 여름나방을 낳은 제1세대 즉 6월부터 8월의 환경조건보다 크게 불리해졌다는 것을 의미하겠다.

우리나라 수도 재배양식은 1970년대 초 통일계 품종의 보급과 더불어 많은 변화가 있었다. 즉 보온 못자리의 보급으로 이앙기가 크게 앞당겨졌고 수리안전답 비율이 증가하면서 이앙기간이 단축되면서 논의 벼 생육단계가 균질화 되었고 수확기가 빨라졌는데(표 1-4 참조) 이와 같은 재배양식의 변화는 이 해충의 먹이가 되는 벼의 생리 생태적 조건이 1970년대 이전의 그것과는 크게 달라졌을 것으로 생각된다.

이와 현(1975)은 우리나라 벼 재배조건이 크게 변화하기 전인 1966년부터 1972년까지의 전국 41개 병해충 예찰소 유아등의 이화명나방 유살수를 토대로 지역별 발생상을 검토하여 우화최성일이 추풍령과 조령을 잇는 선을 경계로 북에서 빠르고 남에서 늦어 북방형과 남방형의 생태형의 존재를 밝히고 북방형은 월동 후 기온 상승에 대하여 남방형에 비하여 예민하게 반응한다고 하고 예찰소당 평균유살수의 총유살수에 대한 비율이 높은 지역은 충남(4.85%)이었으며 전북(4.03%)과 충북(3.98%)이 그 뒤를 이었고 유살수율이 가장 적은 지역은 경북(1.17%)과 강원(1.18%)이라고 하고 유살수 비율이 높은 지역은 남, 북 생태형이 혼재하는 지역들이라고 하는 등 우리나라에서의 지역적 발생특성을 상세히 검토한 바 있다. 여기서는 1970년대 초반부터 변화한 농업환경이 이화명나방의 발생상에 미친 영향을 발생시기와 발생량의 변동을 중심으로 살펴보려 한다.

일본에서 Masaki(1974)는 이 해충이 봄나방 우화일은 전국적으로 그리 큰 차이가 없다고 하고 이것은 남북간에 온도량에 차이가 있음에도 불구하고 월동 유충의 지역개체군간 생리적 특성 차이 때문이라고 하였다. 일본에서 이화명나방의 지역 개체군의 휴면특성에 관하여는 Fukaya(1959)를 비롯하여 Kishino(1974) 등의 많은 연구가 있으며 이런 연구를 통하여 월동 후의 유충이 용화할 때까지의 기간이나 휴면 유기 조건 등에 지역 개체군간의 유전적 특성 차이가 있음이 밝혀지고 있다.

야외에서 채집한 월동유충을 2월 5일부터 5일 간격으로 25℃로 가온하였을 때 몇 개 지역 개체군의 용화까지의 기간을 보면 표 1-7과 같다.

표 1-7. 몇 개 지역 월동유충의 가온시기별 용화까지의 기간(일). (박과 현, 1990)

가온시기	발육기간 (일)			
	수 원	이 리	광 주	진 주
2월 5일	17.3±0.7		22.7±2.4	23.4±2.5
10일	15.8±1.1		20.7±1.7	19.9±1.8
15일	18.1±1.8	23.0±1.4	24.8±1.4	21.1±2.6
20일	17.0±1.1	21.0±1.5	24.8±1.9	18.7±1.8
평 균	17.0±1.5 c*	22.0±1.8 ab	23.2±2.5 a	20.8±2.86 b

* : Duncan 검정 P=0.05 수준 유의

월동유충의 용화까지의 기간은 수원 개체군이 17일일이고 광주 개체군이 23.2일로 북부 개체군이 남부 개체군에 비하여 짧아 휴면유충의 발육속도가 북부 개체군에서 남부 개체군보다 빠름을 짐작할 수 있고 이리 개체군의 그것은 22.0일로 두 지역 개체군의 중간적 특성을 보이고 있다. 그리고 같은 지역 개체군에서는 가온 시기 간에 차이가 없는 것으로 보아 가온을 시작한 2월 초에는 모든 지역 개체군이 휴면에서 깨어난 것으로 생각된다.

박과 현(1990)은 1965~1988년간의 우리나라에서의 이 해충의 유아등 유살성적을 검토하여 이 해충의 성충 50% 유살일은 화기와 관계없이

1970년대 후반 이후 약 4일 정도가 빨라지고 있는데 그 양상은 지역에 따라 차이가 있어 경기 내륙, 금강 유역 그리고 충북 내륙 등 지역에서는 봄나방에서 1~2일, 여름나방에서 3~4일 정도 빨라지고 있으나 서해안 남부(전남)와 남해안 지역에서는 봄나방에서 11~14일, 여름나방에서 약 7일이 빨라지고 있고 충북내륙지역에서는 봄 나방의 그것은 큰 변동이 없으나 여름나방의 그것은 약 7일이 빨라졌다고 하였다.

송 등(1980)은 이 해충의 1966~1976년간의 유아등 유살수를 이용 유살시기의 지역적 변동을 검토하여 봄나방의 50% 유살일까지의 유효적산온도(10℃ 이상)는 춘천 376DD, 수원 308DD였고 대구가 590DD, 보성이 530DD 등으로 중부지방에서의 월동유충의 용화까지의 유효적산온도량이 남부지방에서의 그것보다 훨씬 적어 북방계 생태형이 생리적으로 빠른 생육을 한다고 하였다. 그리고 이 해충의 50% 유살일이 지역적 변동 상황은 표 1-8과 같이 정리하였다.

표 1-8. 우리나라 이화명나방 1세대 기간의 Time delay 차수 변동. (송 등, 1980)

지 역	1966~1971	1972~1976	차 이
중 부	80	78	2
남 부	95	82	13
중 간	85	84	1

중부 : 춘천, 수원, 부천, 명주, 남부 : 대구, 진주, 울산, 중간 : 서천, 서산, 대전, 청주

여기서 Time delay 차수(Order of Time delay)란 어떤 시점에서의 곤충의 연령(발육상태) 변이폭을 반영하는 것으로 그 값은 우화시기 변이폭을 반영하고 있는 것이다. 1966~1971년간의 Time delay 차수는 남부지방에서 95로 중부지방의 그것 80에 비하여 크며 중간지역의 그것은 85로 그 중간 값을 보이고 있다. 그리고 1972~1976년간의 그것들은 각각 82와 78 그리고 84 등으로 모든 지역에서 감소하고 있으나 남부지방 개체군에서 북부지방 개체군에 비하여 변화가 크다. 이와 같은 차이는

아마도 남부지방이 북부 지방보다 이앙기간이 길었던 것과 관계가 있는 듯하다. 즉 남부지방에서는 답리작으로 보리를 재배하였던 관계로 이앙기간이 1970년까지는 길었던 것이 1970년 이후에는 짧아진 것이 이와 같은 결과를 낳았던 것으로 생각된다. 이것은 1966~1971년간과 1972~1976년간의 Time delay 차수의 감소가 남부지방에서 15, 중부지방에서 2로 답리작 보리 재배면적이 감소하고 수리 안전답 비율이 높아지면서 이앙기간이 단축된 남부지방에서 감소정도가 컸던 것으로도 짐작할 수 있을 듯하다.

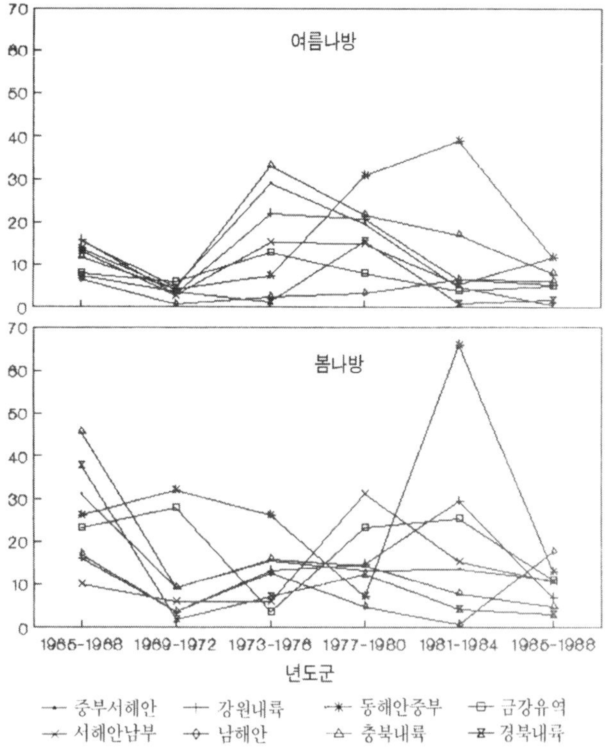

그림 1-8. 봄나방과 여름나방의 50% 유살일의 연도 구분간 변이계수의 변동.
(박과 현, 1990)

한편 봄나방과 여름나방의 50% 유살일의 연도 구분간 변이계수 변동 상황을 보면 그림 1-8과 같다.

이 해충의 50% 우살일은 대체로 여름나방에서는 안정되어 있는데 반하여 봄나방에서는 연도간이나 지역간의 변이가 큰 경향이 있어 그간의 재배조건이 제1세대 발육기간보다 제2세대 발육기간에 미친 영향이 컸음을 짐작할 수 있다. 1970년대 이전에는 봄나방에서의 변이계수가 10~50%로 컸으나 여름나방의 그것은 10% 정도로 변이가 적었다. 봄나방의 변이계수는 1970년도 중반에는 감소하여 몇 개 지역을 제외하면 10% 정도로 안정되어 있다. 그런데 여름나방의 변이계수는 1970년대 이전에는 10% 정도이고 지역간 차이도 별로 없었으나 1970년대 중반에는 변이계수가 30% 정도까지 증가하였으나 1980년대 초반에는 감소하

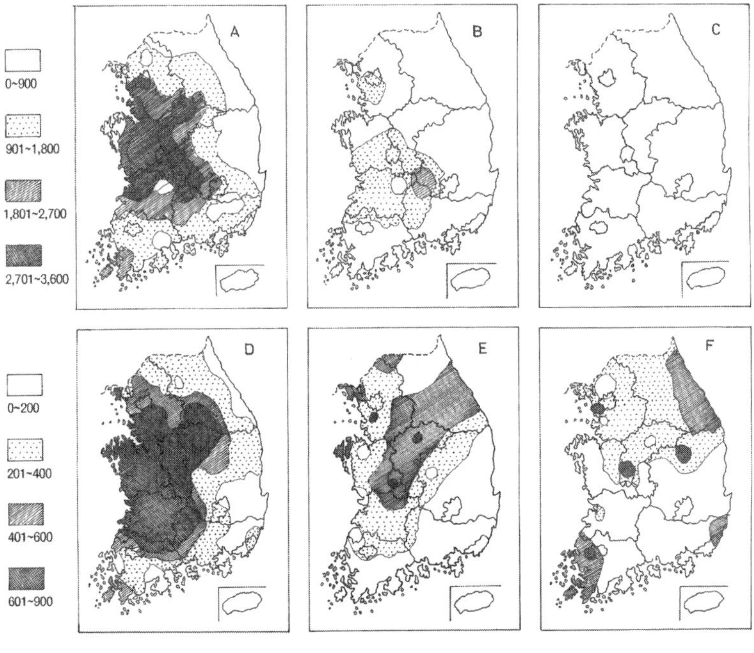

그림 1-9. 지역별 이화명나방 발생량 변동 상황. (송 등, 1982)

상 : 봄나방, 하 : 여름나방

A, D : 1966~1971, B, E : 1972~1976, C, F : 1977~1979

여 후반에는 봄나방과 마찬가지로 10% 내외로 안정되고 있다. 이와 같은 사실은 그간의 환경변화가 이 해충의 발생에 미친 영향이 제2세대에서 컸고 그 영향은 지역 개체군에 따라 차이가 있음을 말해주고 있다.

송 등(1982)은 1966~1979년간의 이 해충의 전국 유아등 유살수를 바탕으로 변동 상황을 분석하여 그림 1-9와 같은 결과를 발표한 바 있다.

유아등 유살수로 본 발생량은 봄나방에 있어서는 1972년 이후에 모든 지역에서 크게 감소하여 1977년 이후에는 유아등 당 900마리 이상 유살된 곳은 없으며 그의 유살수 감소는 전반적인 것으로 지역 개체군 간에 차이가 없는 것으로 보인다.

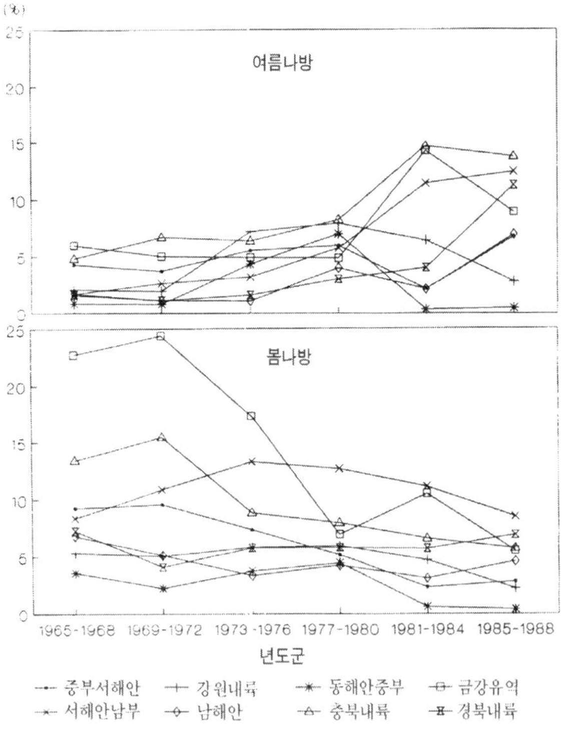

그림 1-10. 봄나방과 여름나방 유살수의 총 유살수에 대한 비율의 변동.
(박과 현, 1990)

한편 여름나방의 유살수는 1971년 이전에는 600마리 이상인 지역이 전북, 충남, 충북 그리고 경기 남부 등이었으나 1972년 이후에는 대부부의 지역에서 600마리 이하이고 1977년 이후에는 추풍령 이북과 서해 남부 일부지역에서는 400마리 이상이었고 그 밖의 지역에서는 200마리 이하였다. 전반적으로 볼 때 서부 평야지대 중부에서는 유살수가 감소한 반면 추풍령 이북의 지역에서는 유살수가 증가하고 있다. 봄나방과 여름나방 유살수의 총 유살수에 대한 비율의 연도군간 변동을 보면 그림 1-10와 같다.

그림에서 보는 바와 같이 1970년대 중반까지는 봄나방의 총 유살수에 대한 비율이 일반적으로 높으며 지역간 차이도 심하였으나 1980년대 이후에는 감소하고 지역간 차이도 감소하고 있다. 반면 여름나방의 그것은 1980년대까지는 전반적으로 낮았으나 그 이후 증가하였으며 지역간 차이도 커지고 있다. 그리고 금강유역이나 충북내륙지역은 봄나방이나 여름나방 모두에서 여전히 높은 비율을 차지하고 있다.

1970년대 중반 이후의 여름나방 유살수 비율의 증가는 조기이앙과 이앙기 단축에 따르는 벼의 생리조건이 그 이전보다 유리하여졌음을 뜻하며 봄나방에서의 유살수 비율 감소는 반대로 벼의 생리적 조건이 유충생육에 불리해졌음을 뜻하는데 이것은 표 1-6에서 보는 바와 같이 유충의 생유기간 동안 벼의 동화량 이전 상태의 변화에 따르는 것으로 생각할 수 있을 듯하다. 즉 출수에 따르는 줄기로의 동화물질 이전의 감소와 조기수확에 따르는 가해기간 단축이 유충밀도 감소로 이어진 것으로 생각된다. 이것은 봄나방 50% 우화일이 변이감소와 같이 생각하면 그의 실상을 이해할 수 있을 듯하다.

이상의 결과를 종합해 보면 우리나라에서의 이화명나방 발생량은 1960년대 말경부터 크게 감소하여 1970년대 중반에는 1960년대의 약 20~30%가 되었고 1980년대 중반 이후에 다소 증가하여 1960년대의 약 40%로 되고 있다. 그리고 총 유살량이 크게 감소하는 시기에도 여름나방의 유살량은 거의 그대로여서 총 유살수의 감소는 봄나방 유살수의 감소에 의한 것이었으며 1980년대 후반의 유살수 증가는 총 유살수에 대한 여름나방 유살수 비율이 20% 내외이던 것이 거의 60%로 증가한 것에 기인한다고 하겠다.

총 유살수의 연간 변이는 1960년대 말경까지는 지역간 차이가 컸으나 1970년대 중반에는 10~30% 정도로 감소하였고 1980년대 중반에 약간 증가하였으나 1980년대 후반에는 20~40%로 안정되고 있다.

한편 연간 유살수의 변이를 보면 봄나방의 그것은 1960년대 말까지는 지역간 차이가 20~80% 정도로 컸으나 1970년대 이후에는 몇몇 지역을 제외하면 20~40% 정도로 상당히 안정되어 있는 반면 여름나방의 경우는 1960년대 말경까지는 지역간 차이가 10~30% 정도로 안정되어 있었으나 1970년대 이후에는 10~70%로 지역간 차이가 컸으나 1980년대 후반에는 다시 10~40%로 상당히 안정되어 있다. 이것은 그간의 벼 재배기술변동이 이 해충에 미친 영향은 화기에 따라 차이가 있을 뿐 아니라 지역 개체군의 유전적 특성에 따라서도 차이가 있음을 뜻한다.

우리나라에 있어서의 이 해충의 1970년대 이후의 이와 같은 발생상의 변동은 결국 1970년대 이후의 수도재배조건의 변화에 따르는 이 해충과 먹이인 벼의 생육조건 관계가 변하였기 때문으로 생각된다. 즉 이앙기의 조기화로 유충생육기의 먹이 조건 특히 2화기 유충기의 먹이 조건이 불리하여져 다음해의 봄나방 발생량을 크게 감소시켰고 수리안전답율의 증가로 이앙기가 단축되면서 성충 우화기간의 변이감소로 이어진 것으로 생각된다.

4. 솔나방의 밀도 변동 주요인

- 야외 해충개체군 변동동태분석의 예 -

우리나라에서 솔나방은 연1회 발생하며 8월에 우화한 성충은 그 해에 생긴 솔잎에 덩어리로 알을 낳는다. 부화한 유충은 솔잎을 먹고 자라며

10월 하순경 땅으로 내려와 낙엽 하에서 월동(5령), 다음해 4월 다시 나무로 올라가 솔잎을 가해하면서(8령) 7월에 번데기가 되는 생활사를 갖고 있다.

자연 상태에서 생물의 밀도는 여러 가지 환경요인의 영향을 받으나 실제로 밀도를 '좌우'하는 요인은 몇 가지에 불과하다. 우리는 모든 관여 요인을 대상으로 할 수 없는 고로 이런 결정적 요인(들)을 대상으로 하게 된다. 여기서는 솔나방을 예로 이런 요인(밀도변동주요인, Key Factor, 密度變動主要因)을 분석하는 과정을 설명하려고 한다. 해충의 밀도변동 주요인의 추출은 그 해충의 발생동태 파악이나 그의 효율적인 방제대책 수립에 대단히 중요하다.

광주지방에서 솔나방 발생량이 적었던 1961년 세대와 많았던 1963년 세대에 대한 온도-강우량 기상도를 보면 그림 1-11과 같다.

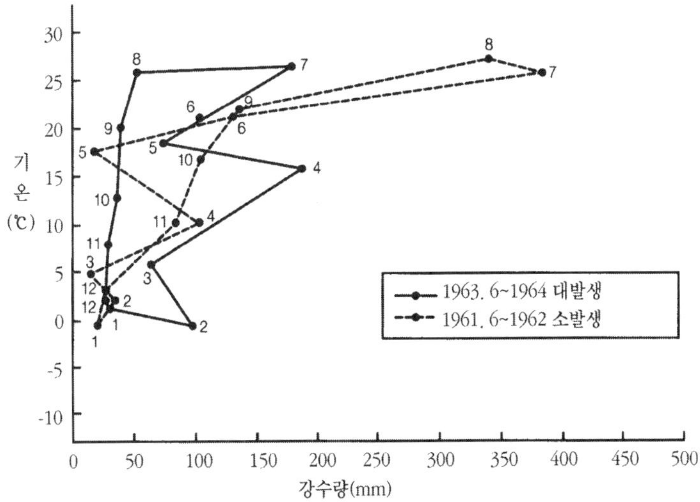

그림 1-11. 솔나방 발생과 기상조건과의 관계. (현, 1965)

발생량이 적었던 1961년 세대는 알이 부화하는 8월 중의 강우량이 많은데 반하여 발생이 많았던 1963년 세대는 부화시기인 8월 중에 강우량이 적어 8월 중의 강우량이 이 해충의 발생량과 관계가 있을 수 있다는 추리를 하게 한다.

Kanemitsu(1962)는 일본에서 이 해충의 부화 후 치사율이 약 70%라고 하였고 Kokubo(1965)는 1~3령 충의 치사율이 세대에 따라 69.1~83.6%로 대단히 높은데 이것은 유충 분산기의 강우와 바람이 주요 원인이라고 하였다. 현(1968)은 1966년 전국 8개 지역과 수원 3개 지점에서 조사된 3년간의 자료를 이용 8월 중의 강우량과 9월 중의 유충밀도와의 관계를 검토한바 상관관계(r)가 -0.83(t=3.347)이었고 8월 중의 강우일당 강우량과는 r=-0.91(t=4.810)으로 더욱 커서 8월 중의 강우 특히 강우강도가 중요함을 알 수 있었다. 이 해충의 부화유충은 실을 토하면서 분산하는데 강우량이 많으면 이때 땅에 떨어진 유충은 다시 나무로 올라가지 못하고 죽어버리는 것으로 생각되는데 8월 중의 총강우량보다는 가우일당 강우량(강우의 강도)이 보다 중요하다는 것은 이를 뒷받침하는 것으로 생각된다.

이런 관계를 알아보기 위하여 분에 심은 소나무에 알을 접종하고 일정 높이에서 조로를 이용 인공강우실험을 한 바 주간 치사율은 부화 제1주 94.32%로 가장 높았고 제2주 41.07% 그리고 제3주에는 거의 영향이 없어 강우의 영향은 부화 직후의 유충에 대한 것이 중요함을 알 수 있었다. 그리고 강우량(관수량)의 영향은 제1주에는 명백하였으나 제2

표 1-9. 수원지역 3개 조사지에서의 1964, 1965년 세대 솔나방의 생태학적으로 중요한 발육단계의 치사율과 그의 분산. (현, 1968)

	치사율	분산	전 분산대비
난기	26.94	7.80	18.82
부화유충	68.30	40.24	97.13
월동유충	2.65	4.02	9.71
월동 후 유충	1.92	0.85	2.04
용	0.88	0.81	1.96
총 치사율	99.35	4.29	

주 이후에는 분명치 않았다. 이와 같은 강우의 물리적 영향은 수원지방 3개 조사지에서의 부화유충 생존율이 수관이 클수록 높다는 사실(r=+0.40)로도 짐작할 수 있었다(수관이 크면 부화 유충이 땅으로 떨어지는 유충수가 상대적으로 적을 것임).

한편 수원지역 3개 조사지에서 1964, 1965년 두 세대의 생태학적으로 중요한 발육단계의 치사율과 분산을 보면 표 1-9와 같다.

충태별 총 치사율을 보면 부화유충기가 68.30으로 가장 높고 난기가 26.94로 그 뒤를 잇고 있으며 그 밖의 충태에서는 극히 낮다. 난기 치사요인으로는 미부화난이 있기는 하였으나 대부분이 난기생봉 특히 송충알좀벌(*Trichogramma dendrolimi*)가 중요하였으며 그들의 기생율은 임상이나 조사 시기 등에 따라 차이가 있었다. 유충기나 용기의 치사요인으로는 경화병이나 바이러스병 그리고 세균병이 중요하였고 기생봉에 의한 치사율은 극히 낮았다.

치사요인의 밀도변동에 미치는 영향은 일차적으로는 치사율이 높은 치사요인이 되겠다. 그러나 치사요인이 아무리 크다고 하여도 그 영향이 지역이나 연차적으로 일정하다면 그 요인에 의한 치사율만큼을 제외한 나머지 생존율이 세대간의 밀도결정에 중요한 것이 되겠다.

Morris(1957)는 개체군 동태학적 측면에서 개체군 밀도변동과 관련 중요한 것은 치사율의 크기, 변동 그리고 시기라고 하고 개체군의 밀도변동에 가장 중요한 의미가 있는 요인을 밀도변동주요인(Key Factor, 密度變動主要因)이라고 하였다.

표 1-9에서 보는 바와 같이 부화유충의 치사율은 크기가 클 뿐 아니라 그의 변이는 전 분산에 대하여 97.13%로 전체 분산의 거의 전부를 차지할 정도로 크다. 그리고 이 해충에 의한 피해는 월동 전 유충에 의한 것은 거의 문제가 되지 않고 월동 후의 유충에 의한 것이 90% 이상이다. 수원지방 3개 조사지에서 두 세대에 걸친 용 밀도와 각 충태별 밀도와의 관계를 보면 그들 간의 상관계수가 각각 난기 +0.38, 부화유충

+0.28, 월동유충 +0.44 그리고 월동 후 유충 +0.81 등으로 월동 후의 유충밀도는 변동이 거의 없어 피해가 끝난 용밀도를 충실히 반영하고 있음을 알 수 있다. 그리고 실제로 월동 전인 9월의 유충밀도와 월동 후인 5월의 유충밀도간의 상관관계는 +0.75였고 10월 중의 그것과 5월 중의 밀도간의 상관관계는 +0.98로 극히 높았다.

이와 같이 솔나방의 밀도변동은 부화 직후의 유충치사율에 의하여 좌우되며 그의 실질적 피해는 월동 후의 유충에 의해 일어난다는 사실 등을 바탕으로 1969년부터 솔나방의 효과적 방제대책 수립을 위한 솔나방 유충 밀도의 전국적 조사가 시작되었었다. 이러한 해충 개체군에 대한 개체군 동태학적 연구는 그 해충의 자연생태계에서의 밀도변동실태를 파악하여 변동의 인과관계를 이해하는데 대단히 중요하다. 그 뿐 아니라 실용적인 면에서는 해충의 효과적인 방제를 위한 수단의 선택이나 시기결정에도 큰 도움이 되겠다.

제 2 장

서식처 환경의 생물학적 평가

생물은 진화과정을 통하여 그들이 살고 있는 환경 즉 서식처(Habitat, 棲息處)에서 최대의 자손을 남길 수 있는 전략을 발전시켜왔다. 그런데 자연이란 변하지 않는 것이 없고 비슷한 곳은 있어도 같은 곳은 없다. Burges(1960)나 Birch(1971) 그리고 Taylor와 Taylor(1977) 등 몇몇 생태학자들은 이와 같은 서식처 환경의 변이 문제와 관련 서식처의 공간적 측면과 시간적 측면을 강조한 바 있다. 그 내용을 간추려보면 생물은 환경에 대한 반응으로 공간적으로는 이곳에서 생식을 할 것이냐 아니면 다른 곳으로 이동할 것이냐의 두 가지 선택이 있고 시간적으로는 지금 생식할 것이냐 또는 후일 환경조건이 유리해졌을 때를 기다려 생식할

		시간 지금	시간 후일
공간	이곳	$E_a(r_a \pm V_a)$	$E_b(r_b \pm V_b)$
공간	다른곳	$E_c(r_c \pm V_c)$	$E_d(r_d \pm V_d)$

그림 2-1. 각 서식환경에서의 증식. (Southwood, 1977)
E(a-d : 서식처, r : 고유자연증가율, V : 변이

것이냐의 두 가지 선택을 할 수 있다는 것이다.

여기서 환경조건이 유리하다거나 불리하다는 것은 환경조건의 종류에 따라서도 차이가 있을 것이고 생물의 종류에 따라서도 차이가 있겠다. 따라서 그의 평가는 후손의 수 즉 평균 내적증가율(r)과 같이 여러 가지 서로 다른 공간-시간 차원에서 얻어진 값을 기준으로 평가해야 하겠다. 물론 개체당의 출산수 같은 것을 이용할 수도 있겠다. 그런데 환경조건은 공간적으로나 시간적으로 차이가 있는 고로 서식처의 평가에는 이런 변이(V)가 고려되어야 하겠다. 따라서 실제로 구현되는 값은 r±V가 되겠으며 r+V와 r-V간의 차이는 그 서식처의 안정성의 지표가 되겠다. 각 서식처 환경에서의 증식관계를 Southwood(1977)는 그림 2-1과 같이 정리한 바 있다.

그림에서 Ea는 지금 제자리에서의 증식력이고 Eb는 제자리에서 환경조건이 유리해지기를 기다렸다 증식하는 경우이고 Ec는 다른 곳으로 이동하여 증식하는 경우로 생물의 이동력과 정착 확율 그리고 정착지의 환경조건 등이 관계가 있겠으며 Ed는 이동 후 휴면하였다 환경조건이 유리하여지기를 기다려 증식하는 경우가 되겠다. 일반적으로 Ea≈1이 되며 Eb, Ec, Ed 등은 Ea에 비하면 적은 것이 보통이겠는데 이것은 휴면이나 이동은 생물에 여러 가지 형태의 부담이 되기 때문이다. 그러나 꼭 그런 것은 아니다. 예를 들면 벼멸구의 경우 좌지 할 정도로 피해가 심한 곳을 떠나 유리한 곳으로 이동하는 것은 이동에 따른 부담은 있겠으나 유리한 점도 있겠는데 이것은 그 예가 되겠다. 그런데 이런 경우에는 흔히 다상현상이나 다형현상이 수반하는데 이것은 불안정한 환경조건에 대한 적응현상이라고 하겠다.

생물은 진화과정을 통하여 이와 같은 4개의 선택지 중 최적의 선택지를 택하게 되었다고 하겠다. 이 장에서는 서식처 환경조건의 공간적 변이와 시간적 변이 양상의 특성을 그의 밀도변동동태에 미치는 영향을 중심으로 생각해 보려고 한다. 여기서 논하는 것은 정상적 상태(Static

Stage, 靜常的 狀態)를 전제로 한 것이며 환경조건의 동적 변동에 대한 생물의 반응은 뒤의 장에서 논하려 한다.

제1절 서식처의 공간적 특성

생태학에서 말하는 서식처(Habitat, 棲息處)란 한 생물이 사는 공간뿐이 아니라 생물의 개체나 개체군의 생활환경으로서 이용할 수 있는 먹이나 숨을 곳 또는 교미장소 같은 자원까지를 포함하고 있다.

서식처 환경조건의 공간적 변이를 생각할 때 공간변이의 크기와 더불어 생물의 이동이라는 문제를 같이 고려해야 한다. 생물의 이동에는 구식이나 교미상대의 탐색 그리고 적으로부터의 도피, 기타와 같은 일상적인 것이 있고 또 하나는 비생식기에 먼 거리를 이동하는 이동이 있다. 식물의 경우는 단순히 수관의 크기 범위가 일상적인 변이 범위가 되겠으나 동물의 경우에는 여러 가지 행동적 요소도 포함된다. 식물에서의 원거리 이동의 예로는 종자분산 같은 것이 포함 되겠는데 이 경우에는 그의 형태적 특성도 관여하겠다. 동물의 장거리 이동에는 여러 가지 특이한 행동적 특성이 관련되어 있다. 동물의 이동에는 원래 살던 곳으로 돌아오는 회기운동(물고기의 경우는 회유운동(S))과 그렇지 않은 것이 있으며 전자만을 이동이라고 하는 학자도 있다. 곤충류에서는 회귀운동의 예는 극히 적다.

서식처는 생물학적으로 유리한 부분 조각(Patch, 小塊)과 그 사이에 끼인 불리한 부분(U)으로 되어 있겠다. 각 조각이 갖는 유리한 정도는 크기나 질에서 차이가 있겠으며 이 차이가 그림 2-1의 V값과 깊은 관계가 있겠다. 그리고 U의 값은 새로운 서식처를 찾을 때 불확실성의 척도가 되겠으며 그림 2-1에서의 Ec와 깊은 관련이 있겠다. 배나무의 붉은별무늬병(赤星病)은 향나무를 중간 숙주로 하는데 그의 생활사를 단절시

킬 목적으로 배 과수원에서 일정한 거리 안에는 향나무를 심지 않도록 하여 이 병의 피해를 막고 있다.

한편 높은 산이나 해양의 외딴 섬과 같이 생물의 이동 정착이 어려운 곳에는 생물이 종수가 적으며 그런 서식처에 서식하고 있는 생물들은 그들의 환경에 적응한 여러 가지 특성을 갖고 있으며 이동력을 상실한 경우도 많다. 해양 고도의 생물지리학 문제에 관하여는 일찍이 MacArthur와 Wilson의 분산율과 종분화를 주축으로 한 'The theory of Island biogeography'(1967)가 있었는데 최근 Hubbell(2001)은 서식처의 생물다양성과 생물지리학을 Neutral theory를 바탕으로 묶는 새로운 이론을 제기하여 생물군집을 생태적 지위의 집합으로 보기 보다는 확률적인 분산집합이라는 인식을 바탕으로 한 이론을 제기하고 있다. Neutral 설은 생물은 모두가 동등한 것이라는 가정 하에 군집을 구성하는 생물들은 분산 확률적 집합이라는 이론을 토대로 한 학설이다. 그리고 서식처의 공간적 문제에는 평면적인 서식처 소괴의 크기의 문제와 아울러 서식처의 입체적 구조 또한 중요한 것이다. 현(1986)은 잣나무 조림지에서 조림년도와 조림지 지상 절지동물 군집의 여러 가지 군집관련지수를 비교하고 1974년도 조림잣나무림에서 1979년도 조림잣나무림에 비하여 모든 지수가 크나 초관부의 Variety Index는 1982년 이후 조림지에서 1974년이나 1979년도 조림지에 비하여 Variety Index가 작아 조림한 지 오래되어 잣나무가 많이 자란 조림지에서의 지수가 작았다고 하고 이것은 조림 한 지 오래된 조림지에서는 잣나무가 많이 자라 하초를 덮으면서 식물의 종류가 줄고 생장이 억제되었기 때문일 것이라고 추론한 바 있다. 물론 이것은 잣나무의 원격작용(Allelopathy, 遠隔作用)(한 생물이 따로 사는 다른 생물에 영향을 미치는 현상, 他感作用이라고도 함)도 관련이 있겠다. 이런 현상은 지상절지동물군집에서 뿐 아니라 지표의 톡톡히 군집에서도 동일하여 조림년도가 오래될수록 종 다양도가 높아지고 밀도와 종수도 안정 된다(김과 현, 1989). 그리고 한 식물체에서의 해충류의 서식처도 임의적인 것은 아닌 듯하다. 예를 들면 잎을 마는 해충류는 양지의 가시에 많으며(Riihimaki 등, 2003) 잎을 엮는 해충류는 수관부 중층에 많으며(Carroll과 Kearby, 1978), 충영형성류는 종에 따라 수관내의 위치에 차이가 있다(Eliason과 Potter, 2001)고 한다.

한편 황과 현(1986)은 수원근교의 부영양화한 일월지와 중 영양상태호로 가고 있는 어천 저수지에서 1984년 9월부터 1985년 8월가지 일년간의 식물성 플랑크톤 군집의 동태를 조사하여 일월지에서는 52속 96종, 어천지에서는 60속 117종의 식물성 플랑크톤을 동정하여 중영양호인 어천지가 부영양호인 일월지보다 종수는 많으나 전체밀도(No./ml)는 일월지가 어천지에 비하여 거의 3배 정도 높았고 종 우점도를 보면 일월지에서는 봄, 여름, 겨울에는 녹조류, 가을에는 난조류였으나 원천지에서는 여름과 가을에는 녹조류와 규조류, 겨울과 봄에는 규조류였다고 하여 한 지역 내의 호수라 하여도 환경조건에 따라 생물군집의 질이나 양적 특성 그리고 그의 계절적 변동과 같은 특성에 미치는 영향은 큰 차이가 있는 것을 알 수 있다.

제 2 절 서식처의 시간적 특성

서식처의 환경조건은 한 서식처에서도 시간적으로 변화한다. 그 변화는 무생물적 요인이거나 생물적 요인 모두에서 일어나며 그 변화는 장기적인 것과 단기적인 것, 주기적인 것과 비주기적인 것, 극심한 것과 경미한 것 그리고 국지적인 것과 광역적인 것 등 여러 가지가 있다. 이런 환경조건의 변화가 생물에 미치는 영향은 일차적으로는 지구상의 그들의 분포상에 영향을 미치며 지역적으로는 생물현상학적 변동으로 구체화된다.

서식처 환경의 변화와 생물학적 현상과의 관계에 있어서 중요한 점은 변화의 폭, 변화에 대한 예측성 그리고 그 기간이다. Shelford(1913)는 생물이 활동할 수 있는 것은 최적의 환경조건을 중심으로 일정한 범위 내에 한정되어 있다는 내성한계의 법칙(Law of Tolerance, 耐性限界의 法則)을 제기하였는데 내성한계는 같은 환경조건에 대하여도 생물의 종류에 따라 차이가 있을 뿐 아니라 한 생물에서도 발육단계에 따라 차이가 있다. 그리고 내성의 범위도 넓은 것과 좁은 것이 있으며 그 범위의 영역도 차이가 있어 예를 들면 온도에 대한 내성범위가 고온에 치우친 것이 있는가하면 저온에 치우쳐 있는 것도 있다. 또 어떤 환경요인에 대한 내성범위가 다른 환경조건의 영향을 받는 수도 있고 같은 종이라

표 2-1. 환경조건 변화의 유형과 곤충류의 적응방식. (Tauber, 등 1986)

기간	예측성	
	비주기적 변화	주기적 변화
단기적 또는 국지성	예 갑작스러운 기온 변화 먹이의 국지적 결핍 교미상대의 결여	예 온도, 습도, 먹이, 천적 경쟁 등의 일주기, 월주기, 조석주기
	적응 비계절적휴지 비계절적 이동 비계절적 다상현상	적응 생리나 행동에서의 일주기, 월령주기, 조석주기적 반복
	주관련 기구 신경계 → 생리적 조정과 행동적 조정	주관련 기구 생물시계 → 행동이나 생리현상의 리듬성
장기적 또는 광역성	예 건조 서리나 들불 서식처변형(벌목, 농경, 개간)	예 온도, 습도, 먹이, 천적, 경쟁 등의 계절적 변화
	적응 비계절적 휴지 유전적 다형현상 정착과 천이 진화적 변화	적응 계절면 계절적 이동 계절적 다상 현상
	주관련 기구 유전적 → 생리나 유전적 변화	주관련 기구 신경내분비 → 휴면

고 하여도 계통에 따라 차이가 있는 수도 있다.

환경조건 중에는 규칙적이며 주기적으로 되풀이되고 생물들 중에는 이런 변화를 감지 할 수 있는 생리적 기구가 발달한 것이 있다. 일반적으로 밤낮의 변화와 같은 일주기나 태음주기 그리고 조수의 간만과 같은 조석 주기 같은 것은 단기적인 것으로 취급하고 계절적 변화와 같은 것은 장기적인 것으로 취급하는 것이 보통이다. 주기적인 변동과 달리 비주기적 변동은 불규칙하여 생물은 그에 대비할 생리적 행동적 준비를 할 수 없다. 이런 예로는 여름철의 저온이나 건조와 같은 단기적인 것도 있고 산불이나 들불, 벌목, 개간 등과 같은 장기적인 것도 있겠다.

환경조건 변화의 유형과 곤충류의 적응방식에 관하여 Tauber 등 (1986)은 표 2-1과 같이 정리한 바 있다.

생물의 이런 적응은 궁극적으로는 유전적인 것이나 이런 적응현상에 대한 중요한 기작을 생각해 보는 것은 문제의 이해에 큰 도움이 되겠다.

주기적 변동에 대한 생물의 적응에는 그 변동이 장기적이거나 단기적이거나를 막론하고 생물의 행동에 리듬이 있으며 이에는 신경계와 내분비계가 관여한다. 그런데 비주기적변동에 대한 생물의 적응에는 신경내분비계가 주동적 역할을 하는 것이 아니고 신경계와 여러 가지 생리적, 행동적, 유전적 요소가 주동적 역할을 한다. 이것은 비주기적 환경변화는 거의가 예측이 불가능하여 계시 기구나 신경내분비계의 역할이 관여하고 있지 않기 때문이다. 아마도 가장 간단한 적응은 불리한 조건에 접하였을 때 피하거나 생장이나 생식을 일시적으로 중지하고 휴지상태로 지내는 것일 것이다. 그런데 불리한 조건이 오래 계속되면 이런 방법으로는 살아남기 힘들 것이다.

생물들 중에는 국지적으로 불리한 환경을 피하여 다른 곳으로 이동함으로써 불리한 환경문제를 해결하기도 한다. 이런 이동을 위하여 곤충류에서는 이동에 유리한 여러 가지 형태적(다형성), 행동적(다상현상) 특성이 발달하기도 한다. 이 문제에 관하여는 후에 좀더 상세히 설명하려 한다.

환경조건의 극단적 변동이나 장기적 변화는 생물을 멸망시키거나 종의 대체를 일으킨다. 산불 같은 경우에는 산불이 있은 후에 생물군집의 종 구성이 서서히 그리고 질서 있게 결국에는 원래의 종 구성으로 회복한다. 그러나 흔한 예로 인간의 개간이나 도시화 같은 경우에는 파괴된 상태가 지속되겠다. 이런 경우에는 원래 있던 생물은 사라지고 새로 침입한 생물들로 된 새로운 생물들이 그 자리를 차지한다. 그리고 이런 생물들은 비주기적 환경변화에 대한 적응력이 커서 그 중에는 이런 환경에 대한 적응을 통하여 유전적인 변화를 일으키는 것도 있다.

생물들은 비주기적이어서 예측할 수 없는 환경조건의 변화에 대하여는 ① 불리한 조건이 지속되는 동안 살아남는 것을 주 목적으로 하는 생리적 또는 행동적 적응을 하고 ② 멸망을 면하기 위하여 유전적 다형현상으로 개체군의 유지를 돕는다. 반면에 규칙적이며 예측이 가능한 환경조건의 변동에 대하여는 ③ 발달한 계시기구와 ④ 생장, 발육, 생식 그리고 행동 등의 신경내분비계 개입을 바탕으로 한 행동이나 생리적 현상의 적응 능력을 발달시킨다.

한편 서식처 환경의 시간적 변화는 생물의 활동이나 생식 등에 유리한 기간과 불리한 기간으로 되어 있으며 이것은 대상생물의 세대기간과 밀접한 관계가 있겠으며 특히 생식에 유리한 기간은 그 생물의 밀도 증가에 중요한 것이라고 하겠다. 따라서 세대기간에 비하여 유리한 기간이 길수록 그 서식처는 유리한 서식처라고 하겠으며 반대로 불리한 기간이 길면 불리한 서식처라고 하겠다.

생물의 세대기간이란 동시기에 출생한 개체들이 다음 세대를 낳을 때까지의 평균기간을 말하는데 생물의 종류에 따라 세대기간에는 차이가 크다. May(1974)나 Blackith(1974) 기타 몇몇 생태학자들은 환경조건의 시간적 변동과 개체군 밀도의 변동을 심화시키는데 세대기간이 짧은 생물은 세대기간이 긴 생물에 비하여 환경조건의 변화에 대한 순응성이 크다고 하였다.

서식처 환경의 시간적 변동과 관련 또 다른 중요한 문제는 먹이나 숨을 곳 등과 같은 생물적 자원의 질이나 양의 시간적 변동이다. 물론 이것은 기상적 조건과 같은 무생물적 환경과 깊은 관계가 있다. 그림 2-2는 참나무 잎의 연간 변동량과 연중 단백질 가용지수의 변동이다.

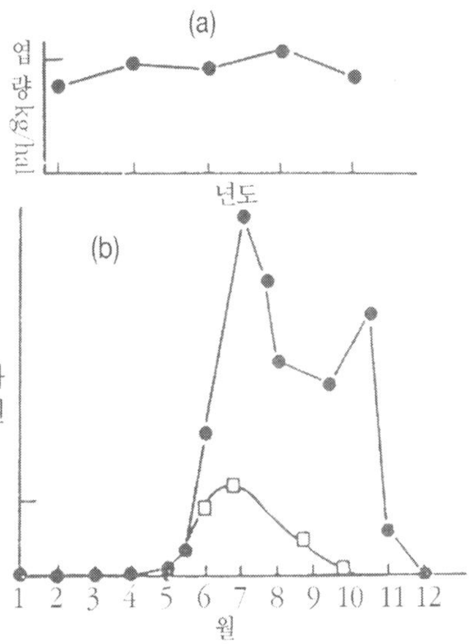

그림 2-2. 참나무 엽량의 연도별 변이
(a) (kg/ha) (Sykes와 Bunce 1970과 J. F. Hibherd 미발표)와 단백질 이용지수의 연중 변동 (b) (Sykes와 Bunce 1970) (●:엽량, ▫:가용단백질 지수) (Southwood, 1977에서)

그림 2-2에서 보는 바와 같이 참나무의 엽량의 해에 따르는 차이는 그리 크지 않다. 그런데 연간 엽량은 5월경부터 증가하여 10월경까지 충분한 양이 있으나 가용단백질질수는 7~8월을 정점으로 급격히 떨어진다. 이것은 참나무에서는 잎이 오래될수록 탄닌량이 증가하면서 단백질 이용효율이 떨어지기 때문이다. 따라서 참나무 잎을 가해하는 곤충류의 입장에서는 활동시기를 잎의 전개시기와 일치시키는 것이 대단히

중요하다고 하겠다.

우리나라에서 애멸구는 주로 4령 약충으로 월동한다. 논둑의 잡초(주로 개밀)에서 월동한 애멸구의 약충은 4월 초순경부터 맥전으로 이동하여 맥류의 엽초에 산란하는 터 산란시기에 따라 부화율에 차이가 있다. 표 2-2는 접종시기가 다른 보리에서의 애멸구 부화율이다.

표 2-2. 접종시기를 달리한 보리에서의 애멸구 부화율 (현 등, 1977)

접종시기	부화 난수	비부화 난수	부화율
4월 하순	77.71±36.67	30.0±14.37	67.47±8.33
5월 중순	24.78±14.00	158.60±73.44	13.48±7.64

표에서 보는 바와 같이 접종시기에 따라 애멸구이 부화율에는 큰 차이가 있고 그의 변이에도 차이가 있어 보리의 생육단계가 부화율에 미치는 영향이 크다는 것을 알 수 있다.

자연상태하의 생물서식처환경의 시간적 변동은 한 생물에 대하여 유리한 기간과 불리한 기간으로 되어 있으며 여기서 유, 불리의 기준은 세대기간을 기준으로 평가되어야 하겠다. 이런 기준으로 생각할 때 예측이 가능한 서식처란 불리한 기간이 짧고 변이가 적은 서식처가 되겠고 예측이 어려운 서식처란 유리한 조건의 변이 폭이 크고 불리한 기간이 긴 서식처가 되겠다. 일시적인 서식처에는 전술한 참나무의 경우나 보리의 예와 같은 경우도 있겠으나 사막지대의 경우와 같이 예측이 어려운 불규칙한 경우도 있겠다. 그리고 기경지와 같이 천이가 진행되고 있는 서식처에서의 각 천이단계 같은 것은 또 다른 일시적 서식처의 예라고 하겠다.

제 3 절 일차소비자가 서식환경에 미치는 영향

서식처내의 생물들은 무생물적 환경에서 물질과 에너지를 생물계로 도입 합성하여 생물이 이용할 수 있도록 하는 생산자와 이것을 이용하는 소비자 그리고 생물계의 물질과 에너지를 무기계로 되돌리는 분해자로 크게 분류한다. 생산자는 영양단계의 맨 밑을 이루며 일반적으로 녹색식물이 대부분을 차지하나 호수 같은 생태계에서는 화학합성 생물의 역할도 상당히 중요하다. 생산자를 먹는 것을 1차 소비자라고 하며 점차 2차, 3차 소비자로 이어지나 그 단계는 영양단계가 높아짐에 따라 상위 영양단계의 이용가능 물질의 점차적 감소로 그 수에는 한계가 있다. 분해자는 생산자나 소비자의 배설물이나 시체를 분해하여 무기물로 변화시키는 생물들로 흔히 미생물이라고 부르는 것이나 실제로 분해 작용은 미생물에 의한 것만이 아니고 다른 생물들에 의한 조직이나 형태의 파괴도 관련이 있다.

같은 영양단계에 속하는 생물들 간에는 자원에 대한 경쟁을 하게 되며 서로 다른 영양단계의 생물들 간에는 먹고 먹히는 포식현상이나 기생현상이 있다. 포식 작용이나 경쟁현상에 관하여는 지금까지 실험적 개체군이나 실제 개체군을 대상으로 많은 연구가 이루어졌으며 지금까지 각각의 분야에 관한 훌륭한 저술도 많이 출간되고 있어 여기서는 일차소비자가 식물에 미친 영향이 다른 생물에 미치는 영향 즉 간접적인 영향을 지상식생을 중심으로 살펴보려고 한다.

지상 생태계에서 1차 소비자는 식물체의 일부를 먹어 소비하나 식물을 죽이는 일은 드물다. 식식성 생물(1차 소비자)들은 식물체를 먹어 소비하는 외에 식물에 방어 물질을 생산케 하기도 하고 영양상태를 변화시키고 그 후의 생장에 영향을 미치게 되어 이것은 나아가서는 포식자나 기생자와 같은 상위영양 단계 생물에도 영향을 미치게 되어 그 영향은 결과적으로 식물을 바탕으로 한 지상생물군집의 구성내용이나 생물다양성에 중요한 영향을 미친다.

한 생물이 다른 생물에 미치는 영향이 중간에 끼인 생물에 의하여 영향을 받을 때 간접적 영향이라 한다. 자연계에서 간접적 영향은 흔한 현상이며 그 내용도 다양하다. 간접적 영향을 Abrams 등(1996)은 밀도관련 간접적 영향(Density-mediated indirect effects, 密度關聯 間接的 影響)과 형질관련 간접적 영향(Trait-mediated indirect effects, 形質關聯 間接的 影響)으로 분류한 바 있다. 전자는 반응 시 중간에 낀 유도종의 밀도변동으로 생기는 현상이며 후자는 중간에 낀 유도종의 행동, 형태, 생활사 등과 같은 생물학적 형질의 변화로 생기는 현상이다. 경쟁현상이나 하향성 영양단계 연구와 같은 밀도관련 간접적 영향에 관한 연구가 형질관련 간접적 영향에 관한 연구보다는 훨씬 많다(Holt와 Lawton, 1994). 그러나 최근에는 생물군집의 구조와 관련 형질관련 간접적 영향에 관한 관심이 커지고 있다(Werner와 Peacor, 2003). 그런데 석식 생물과 포식자간 상호관계에 있어서는 밀도관련 간접적 영향에 관한 연구가 많고 식물과 식식성 생물 간의 관계에서는 형질관련 간접적 영향에 관한 것이 많은 듯하다.

식식성 생물의 가해를 받은 식물은 여러 가지 형태적, 생리적 변화를 일으키는데 이런 변화로 지상생물과 지중생물, 식해생물과 화분매개생물, 곤충과 미생물 등과 같이 생활공간이나 활동 시기 그리고 분류학적으로 서로 다른 생물들 간의 관계가 발생한다. 예를 들면 식물이 해충의 가해를 받거나 기계적인 손상을 입으면 단백질분해 방해물질 산화효소, 세포막 단백질, 페닐프로파노이드 효소, 렉틴, 탄수화물 결합효소 등과 같은 여러 가지 방어물질, 페놀류(페놀산, 페놀 배당체, 프라노쿠마린, 쿠마린, 탄닌류, 리그닌류 등), 테르펜류(모노테르펜, 디테르펜알데히드, 식물성에타이스테로이드, 쿠쿠빈산), 알카로이드류(니코틴, 퀴노리디딘,

트로판, DIMBOA) 그리고 인돌 그루코시노레이트 등을 생산한다(Karban과 Baldwin, 1997).

Helicoverpa zea 담배밤나방의 가해를 받은 토마토는 단백질 분해 방해물질과 폴리페놀옥시다제 생산을 증가시키는데 이런 물질들은 토마토 잎을 가해하는 나방류나 진딧물류 그리고 굴파리류 유충의 생장을 저해한다(Stout와 Duffey, 1996). 그리고 이른 봄에 참나무가 나방류의 가해를 받으면 탄닌량이 증가하면서 뒤따르는 나방류 유충의 생육이 영향을 받는다. 그 밖에도 *Agriotes lineatus* 방아벌레의 가해를 받은 목화(뿌리)에서는 ,잎을 가해하는 파밤나방(*Spodoptera exiqua*)에 영향을 미치는 물질이 생산된다(Bezemer 등 2003). 그리고 배추흰나비의 가해를 받은 *Raphanus raphanistrum* 무우에서는 나방류, 진딧물류 그리고 굴파리류의 생장이나 밀도를 감소시키는 물질이 생산되며(Agrawal, 1998), *Danaus plexipus* 왕나비 유충의 가해를 받은 *Asclepias syriaca* 박주가리에서는 *Labiodonera clivicollis* 잎벌레의 생장감소나 *Aphis nerii* 진딧물의 밀도 감소(Van Zndt와 Agrawall, 2004)를 초래하는 물질이 생산되는 등 상세한 기작에는 차이가 있으나 한 생물이 가해로 유도된 물질생산이 다른 생물에 미친 영향에 관한 연구는 상당히 많다. 이와 같이 타감물질이 개입된 유도 저항성은 분류학적 유연관계, 활동시기, 그리고 활동공간과는 관계없이 같은 식물체에서 활동하는 다른 생물들에게 영향을 미친다.

또 식물이 식식성 생물의 가해를 받으면 잎의 전개, 가지치기, 꽃, 숨을 곳 그리고 잎 표면의 털이나 강모 같은 형태적 변화가 일어나는 것이 보통인데 이런 것들은 뒤따르는 생물들에게는 불리한 영향을 미칠 수도 있고 유리한 영향을 미칠 수도 있어 생물군집구조와 관련 중요한 의의가 있겠다. 예를 들면 *Brassica nigra* 배추가 배추흰나비 유충의 가해를 받으면 많은 사상돌기가 생기는데 이것은 뒤따르는 배추흰나비 유충의 생육 저하를 초래하며 *R. rephanistrum* 무우에서는 가해로 생긴 사상돌기 때문에 뒤따르는 나방류나 진딧물류 그리고 굴파리류의 생장이나 밀도가 상당한 영향을 받는다(Agrawal, 1998).

잎이 가해를 받으면 꽃의 크기나 수(Hendrix와 Trapp, 1989), 화분이나 화밀의 질이나 량(Strauss 등, 1996) 등이 영향을 받게 되며 이것은 화분매개현상을 통하여 종자생산에 연관이 있겠다. 예를 들면 *Carduus nutans* 엉겅퀴 잎이 초기에 *Trichosirocalus horridus* 바구미의 가해를 받으면 꽃대가 짧아지고 꽃의 수가 크게 감소하며 개화가 약 1주일 늦어지게 되어 뒤에 꽃을 가해하는 *Rhinocyllus conicus* 바구미의 정착, 산란 그리고 생존율 등의 감소를 초래한다(Milbrath와 Nechols, 2004).

피스타치오 옻나무에서 *Geoica* sp. 땅면충은 잎기부에 충영을 형성하며 *Forda formicaria* 면충은 잎에 충영을 형성한다. *Geoica* sp. 땅면충의 기생으로 동화물질의 이동이 달라지고 일종의 양분 축적이 일어나게 되면 엽신에 기생하는 *F. formicaria* 면충의 사망률은 84%까지 달한다고 한다(Inbar 등, 1995). 또 *Prokelisia dolus*와 *P. marginata* 멸구류는 모두가 북미의 대서양 연안 습지대의 *Spartina alternifra*에서 서식하고 있다. *P. dolus*의 기생을 받으면 *S. alternifora*에서의 필수 아미노산 농도가 감소하여(Olmstead 등, 1999) *P. marginata*의 생존율이나 생물학적 현상은 불리한 영향을 받는다. 그런데 *P. marginata*의 가해가 *P. dolus*에 미치는 영향은 훨씬 덜한데 이것은 *P. dolus*는 섭식량을 증가시킴으로서 필수 아미노산의 부족을 어느 정도 완화시킬 수 있기 때문이라고 한다(Denno 등, 2002).

진딧물류나 멸구류 등에서는 밀도가 증가함에 따라 이동형인 유시형 발생율이 높아지는데 이것은 높은 밀도의 집적적인 영향(예 : 접촉의 자극)과 더불어 높은 밀도에 따른 가해량의 증가가 영양가에 미친 영향도 크다.

한편 식물은 가해를 받았을 때 테르펜류나 인돌과 같은 휘발성 물질을 생산하는데 이런 물질들이 천적류의 탐색행동과 관계가 있는 수가 많다. 어떤 식물은 가해 해충에 따라 고유한 물질을 내서 그 해충에 대한 기생율을 증대시키는 예도 있다(De Moraes 등, 1998). 그러나 집나방의 가해를 받은 백양나무과 같이 다른 곤충류의 기생봉에 대하여도 유인기능을 가지는 것이 많이 알려지고 있다. 그리고 *Tupiocoris matatus* 긴노린재의 가해를 받은 담배는 비선택성 포식자인 *Geocoris pallens* 긴노린재를 유인하는 물질을 발산하는데 이 포식자는 담배에 발생하는 *Manduca quinquemaculata* 박각시나방의 어린 유충과 같은 운동성이 적은 해충을 공격하기도 한다.

Ceratomia catalpae 박쥐나방 유충의 가해를 받은 개오동나무(*Catalpa bignonioides*)는 화기 외 꿀을 2배나 많이 생산하는데 이로 인하여 *Forelius pruinosus* 개미가 10배나 많이 유인되어 박쥐나방의 유충밀도가 감소하였다고 한다(Ness, 2003). 물론 이 개미는 비선택성 포식자인고로 다른 해충류에도 영향을 미칠 수 있겠다. 그리고 버드나무에 집을 만들고 가해하는 나방류 유충은 대륙털진딧물(*Chaitophorus saliniger*)의 발생에 도움이 되며 이것은 포식성 개미류를 유인하고 이것이 버들꼬마잎벌레(*Plagiodera versicolora*)의 생존율을 60%나 감소시킨다고 한다(Nakamura와 Ohgushi, 2003).

한편 유도된 저항성은 가해 곤충류의 생육을 지연시켜 천적에 노출되는 기간을 길게 하기도 한다. 예를 들면 담배가 *Tupiocoris notatus* 장님노린재의 가해를 받으면 단백질 분해 방해물질이 유도되는데 이것은 *Manduca quinquemaculata* 박쥐나방 유충의 발육을 억제하여 그의 천적인 *Geocoris pallens* 긴노린재의 공격을 많이 받게 한다(Kessler와 Baldwin, 2004). 이 경우 *T. notatus* 장님노린재의 기생이 휘발성물질 생산에도 관계가 있어 이것도 관련이 있다고 한다. 또 감자가 *Empoasca fabae* 애매미충의 가해를 받으면 뒤에 찾아드는 콜로라도감자잎벌레(*Leptinotarsa decemineata*)의 발육이 크게 지연되며 그에 따라 *Podisus maculiventris* 노린재의 포식율도 높아진다고 한다.

이상에서 본 바와 같이 식물에 유도된 저항성이 일차소비자에 미치는 영향은 저항성 물질이나 영양관계 그리고 형태적인 변화와 같은 직접적인 관계와 더불어 천적을 통한 간접적인 영향관계까지도 아울러 생각해야 하겠다. 예를 들면 매미충의 가해를 받은 감자에 기생하는 잎벌레는 생장이 느리고 생존율이 낮으며 이런 영향은 천적인 *Podisus* 노린재의 존재로 더욱 커진다. 그런데 만약 유도된 저항성이 해충에 불리하게 작용하는 동시에 천적에 대한 해충의 질(예 크기가 작아진다)도 저하시킨다면 천적의 효과는 감소할 수도 있겠다. 따라서 유도저항성이 개재된 1차 소비자들 간의 상호작용관계를 완전히 이해하려면 그 계에 관련된 모든 주요 구성요인들 간의 상호작용관계를 대상으로 해야 하겠다. 그렇지 않으면 식물에서의 유도저항성은 계내의 다른 1차 소비자에 대한 천적의 영향을 증대시켜 산만경쟁을 낳게 할 수도 있겠다(Thaler, 1999).

이상에서 보는 바와 같이 식식성 생물의 가해로 생기는 식물의 생물학적 특성변화로 생기는 간접적인 영향은 생물군집의 특성에 중요한 변화를 초래하여 지금까지의 경쟁이론이나 포식이나 기생현상을 토대로 한 이론으로는 설명이 어려운 문제들을 제기하게 된다. 원래 경쟁이란 생물의 밀도가 증가하여 어느 한계 이상이 되고 공유하는 자원을 수탈하거나 공존으로 상호 간섭하게 되면서 일어나며 분류학적으로 유연성이 큰 종들 간에는 생태적 지위의 중복정도가 높아 경쟁이 심할 때 생물은 생태적 지위의 분화를 통하여 경쟁관계를 완화한다는 것이다. 그런데 식식성 생물의 가해로 유도되는 일차소비자에 대한 저항성은 그의 밀도가 낮을 때에도 생기는 것으로 Hairston 등(1960)은 실제로 1차 소비자(해충) 수준에서 경쟁이 일어날 정도의 심한 피해는 드물고 천적류가 해충밀도를 경쟁 수준까지 가지 못하도록 억제하고 있다고도 한 바 있다.

Denno 등(1995)은 여러 가지 식식성 곤충류에서의 상호관계 연구를 검토한바 그것은 대부분이 식물이 개재되어 있는 것들이었으나 상호관계의 84%가 비대칭적 즉 한 쪽에 유리한 것이었다고 한다. 일반적으로 간섭성 경쟁은 자원으로의 접근을 위한 경쟁인 고로 보다 대칭적인 것이 될 수 있겠다. 식물이 개재된 상호작용관계는 식식성 생물의 질에 영향을 미쳐 다른 생물의 이용자원의 양에 영향을 미치는 것인 고로 원래가 소비성이 보다 큰 것이다. 더욱이 식물에서 유도된 저항성은 시간적으로나 공간적으로 분리되어 있어 서로가 접할 기회가 거의 없어 종전의 경쟁이론에서 전제로 하는 것과는 다른 측면에서 고려되어야 할 문제이다.

이 식식성 생물의 가해를 받았을 때 일어나는 반응은 세대내의 일일 수도 있으나 여러 세대에 걸친 것일 수도 있다(Karban과 Baldwin, 1997). 따라서 그의 영향은 유도생물과 활동시기가 같은 다른 식식생물뿐만 아니라 활동시기(계절 또는 발생년도)가 다른 생물에도 영향을 미칠 수 있겠다(Ohgushi, 2005). 그리고 유도된 반응은 가해 받은 조직에 한할 수도 있으나 전신에 걸친 것이 될 수도 있겠다. 이런 점을 생각한다면 종래의 경쟁이론에서 '자원의 분할'이 '경쟁현상을 완화한다'는 생각은 문제가 있겠다.

끝으로 생물분류학적 유연성과 경쟁현상간의 관계에 관한 종래의 주장에 대하여 최근 많은 반론이 제기되고 있다(Tomlin과 Sears, 1992, Stout와 Duffey, 1996, Agrawal, 1998, Stout 등, 1998, Inbar 등, 1999, Van Zandt와 Agrawal, 2004). 쟈스몬산은 해충류의 가해로 생기며 살리실산은 병원미생물에 반응하여 식물이 생산하는 것이 보통이다(Karbin과 Kué, 1999). 그런데 반대로 해충류가 살리실산을 병균류가 쟈스몬산 생산을 유도하는 예도 많이 알려지고 있다. 이것은 여러 가지 분류학적으로 다른 분류군에 속하는 곤충류 간에는 물론 곤충류와 미생물류와 같이 분류학적으로 거리가 먼 생물들 간에도 식물을 통한 상호작용관계가 성립 할 수 있음을 뜻하는 것이다.

그동안 우리는 지금까지 1:1의 관계에 대하여 많은 것을 연구하여 귀

중한 결과를 얻어왔으나 앞으로 여러 가지 일차소비자들 뿐 아니라 이들 간에 존재하는 상향성 문제와 하향성 문제를 아울러 고려한 연구가 자연을 이해하는데 절실히 요구된다. 몇몇 주요 구성성분의 문제로 압축한 연구는 연구의 편의상 불가피한 일이겠으나 토중의 양분이나 물리적 영향과 같은 환경요인 등이 식물에 영향을 미치게 되고 가해를 받은 식물은 방어수단을 조성하게 되어 결국 상향성 현상에 영향을 미치게 될 것이다. 고로 이와 같은 직접 또는 간접적 상호작용관계의 크기나 그 기작을 밝히는 일은 극히 중요한 일이다. 이와 같은 총체적 연구를 통해서만 생물군집의 구조나 기능을 이해하게 되겠다.

제 3 장
곤충의 분산 이동

분산이동은 새로운 환경으로의 이동을 통하여 종의 분포 범위를 넓히고 유리한 서식처를 찾아 정착하게 되어 종의 번영을 기할 수 있어 생물들은 분산에 유리한 형태나 여러 가지 생리적 특성을 갖고 있다. 식물의 경우에는 주로 바람이나 물 또는 동물의 힘에 의하여 분산하게 되는 고로 그에 알맞은 여러 가지 생물학적 특성을 갖고 있다.

동물의 경우에는 자력으로 분산하는 고로 분산에 유리한 형태나 생리적 특성을 가진 발육단계를 생활사 발육단계에 갖고 있는 수가 많다.

분산은 개체군의 동태학적 안전성의 유지나 종간 상호작용, 개체군내 유전자 확산 그리고 유전자형의 구성 등과 밀접한 관계가 있다. 곤충류에 있어서 이동 분산현상은 극히 중요한 적응적 현상의 하나인데 곤충류 중에는 비상능력을 2차적으로 상실한 예도 상당수 있으며 종에 따라서는 환경조건에 따라 비상력을 가진 것과 비상력을 상실한 것이 생기는 수도 있어 그 실태는 복잡하다.

한 종내의 개체들 간에 형태나 형질에 차이가 있을 때 그것을 다형성(Polymorphim, 多型性)이라고 하며 그것이 특히 분산과 관계가 있을 때 이것을 분산다형성(Dispersal Polymorphism, 分散多型性)이라고 한다.

곤충류의 분산다형성에 관하여는 여러 학자들의 훌륭한 종설(Dank 등, 1994, Dingle, 1978, Gilbert 등, 1990, Roff, 1992, Stearms, 1992,

Nakasuji, 1988)이 있고 저자는 '곤충의 진화와 생활사'(2009)에서 논한 바 있어 상세한 것은 이들에 미루고 여기서는 분산의 적응적 의의를 중심으로 살펴보려 한다.

제 1 절 분산다형성과 중요관련요인

1. 변태특성

생물은 태어나서부터 생식을 끝내고 죽을 때까지 먹이나 사는 장소를 크게 변경하지 않는 것도 있으나 많은 생물들은 일생동안에 생활조건을 변경하는 경우가 많다.

곤충류의 날개다형성은 다양한 분류군에 걸친 광범위한 현상으로 보인다. 대부분의 곤충류에서 부화 직후의 1령충은 여러 가지 면에서 성충과는 큰 차이가 있으며 이런 생장과정에 일어나는 변화를 변태(Metamorphosis, 變態)라고 하는데 이와 같은 변화과정은 크기의 증가, 생식기관이나 부속기관의 발달, 날개의 발달, 형태나 생리적인 변화를 수반한다.

곤충류의 변태양식에는 크게 3가지가 있다. 첫째는 톡토기류나 좀류에서와 같이 유충은 성충에 비하여 크기가 작고 생식기관이 발달하지 않았다는 것을 빼고는 성충과 별로 차이가 없는 무변태류(Ametabola, 無變態類)로 모두가 날개가 없는 무시류 곤충류이다. 날개를 가진 유시류 곤충류에는 정지상태의 번데기시기를 거치지 않고 성충이 되는 불완전 변태류(Hemimetabola, 不完全 變態類)와 번데기시기를 거치는 완전변태류(Holometabola, 完全 變態類)가 있으며 전자에는 노린재류나 매미류와 같이 탈피를 거듭하면서 성충에 점점 가까운 형태를 갖게 되는 점변태류(Gradual Metabolic Insect, 漸變態類)와 하루살이류나 잠자리류와 같이 유충이 수중생활을 하고 성충과는 형태적으로 큰 차이가 있는 반변태류(Hemimetabola, 半變態類)가 있다.

Roff(1990)는 온대지방 곤충류 26개목의 무시형(날개2형을 포함)률을 조사하여 반변태류 3개목에서는 강도래목에서의 5%이하인 것을 제외하면 하루살이목이나 잠자리목에서는 무시형이 없고 완전변태류 8개목 중에서는 날개가 완전히 퇴화한 벼룩목 곤충류를 제외하면 5개목에서 5% 이하이고 2개목에서 5~10% 사이 등 무시형율이 극히 낮았다. 그런데 점변태류 15개목 곤충류의 경우 5% 이하인 경우는 흰개미목뿐이고 그 밖의 목에서는 8개목에서 10~15%, 6개목에서는 50% 이상으로 그 비율이 높았다하여 변태 양식과 날개다형성간에는 깊은 관계가 있음을 밝혔다.

이와 같이 날개다형성이 변태형태와 깊은 관계가 있다는 것은 날개다형성이 계통학적 문제라기보다는 곤충류의 생활양식과 보다 깊은 관계가 있음을 뜻하는 것이라고 하겠다. 즉 점변태 곤충류는 유충과 성충이 먹이나 생활 장소가 같으나 반변태류와 완전변태류에서는 유충과 성충은 먹이와 생활 장소가 완전히 다르다. 이들에서는 유충과 성충이 변태과정을 거치면서 완전히 다른 서식환경을 갖게 되는데 반하여 점변태류 곤충들은 성충과 유충이 동일한 서식환경에서 생활하게 되어 이와 같은 문제가 이동수단과 관계가 있는 날개다형성과 관계가 있는 것으로 생각된다. 물론 반변태류의 유충도 종류에 따라 상당한 활동력을 가진 것이 있으나 발육기간 중에 흐르는 물을 따라 하류로 휩쓸려 내려가거나 서식처가 마르는 수도 있는데 이런 경우 새로운 서식처로의 이동은 유충이 갖고 있는 이동능력으로는 힘들어 이동은 성충의 몫이기 때문에 이런 특성을 갖게 된 것으로 생각된다.

완전변태류 곤충의 유충은 대부분이 이동력이 약하며 성충과는 다른 서식처에서 생활한다. 날도래류나 일부 풀잠자리류 그리고 딱정벌레류나 파리류의 유충은 수서생활을 하며 먹이도 성충과는 다르다. 풀잠자리류 중 일부는 유충이 지상 생활을 하며 운동이 활발하여 성충과 같이 진딧물류나 깍지벌레류를 잡아먹는다. 그러나 그들의 유충도 성충에 비하면 이동력은 한계가 있다. 나비목 곤충류의 유충 중에는 실을 토하여 그에 매달려 바람의 힘으로 분산하는 것이 있는데 대개의 경우 기껏해야 수 100m 정도이다. 그리고 무시의 나비목 곤충류는 거의가 삼림을 서식처로 하고 있는데 삼림은 항속성이 크고 넓은 분포면적 때문에 이동에 대한 요구는 상대적으로 적은 편이다.

완전 변태류 곤충류는 무시형율이 극히 낮은데 나비목 중 무시종은 자나방류 곤충에 많은데 이들은 늦은 가을에서 초겨울에 걸쳐 성충이 출현하는 수가 많은 것이 특징이다. 애흰무늬독나방(*Orgyia thyallina*)은 일년에 성충이 2회 발생하는 2화성 종인데 가을에 출현하는 2회 성충의 암컷은 무시이나 여름나방의 성충은 유시이다(Kimura와 Masaki, 1977).

이와 같은 사실들은 나방류에서의 무시형 발달이 성충의 우화시기와 관계가 있음을 시사하는 것이다. Mitter 등(1979)은 *Alsophila pometaria* 자나방의 무시형과 단성생식은 알의 부화시기와 먹이가 되는 나무의 잎 전개시기 사이의 일치를 위한 진화 산물이라고 하였다.

이상으로 보아 곤충류에 있어서의 분산다형성 문제는 생활양식과의 관계가 1차적인 중요성을 갖고 있음을 알 수 있으며 곤충류의 생활양식은 환경조건에 대한 적응적 진화의 결과인 고로 그들이 서식처 특성과 밀접한 관계가 있을 것이라는 것은 충분히 짐작할 수 있을 듯하다.

2. 증식력

유시형 또는 장시형은 불리한 환경을 떠나 새로운 환경으로 이동 정착하는데 도움이 되며 단시형이나 무시형은 일반적으로 장시형에 비하여 생식력이 크고 생식 전 기간이 짧은 것이 보통이다. 멸구류에서 보면 일반적으로 장시형은 같은 종의 단시형에 비하면 가슴이 상대적으로 커서 비상근 발달에 유리하고 비상기관에의 투자도 크다. 이런 것들은 분산과 생식 사이에는 주고받는 관계(Trade-off)가 존재하는 것으로 보인다.

생식력은 몸의 크기와 관계가 있는 것이 보통이다. 그리고 몸의 크기

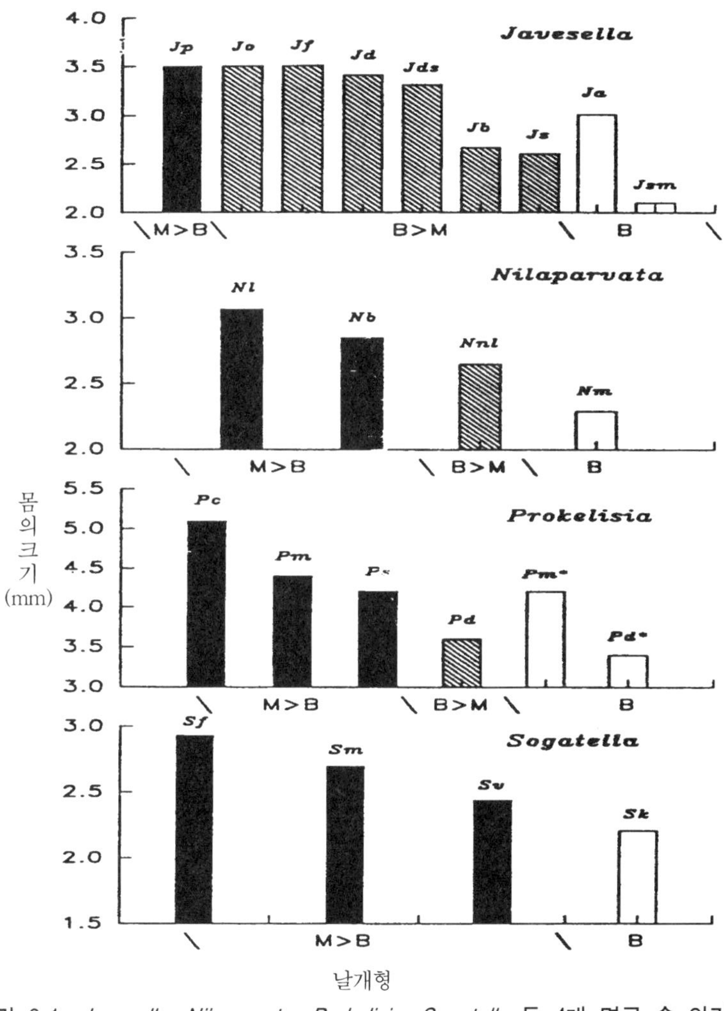

그림 3-1. *Javesella, Nilaparvata, Prokelisia, Sogatella* **등 4개 멸구 속 암컷에서의 이동성과 몸길이(mm)와의 관계**

이동성(M〉 B):흑색, 중간종(B〉 M): 사선, 정주종(B):백색, (Denno, 1994)
Jp : *Javesella pellucida*, Jo : *J. obscurella*, Jf : *J. forcipata*, Jd : *J. dubia*, Jds : *J. discolor*, Jb : *J. bottnica*, Js : *J. salina* Ja : *J. alpina*, Jsm : *J. simillina*, Nl : *Nilaparvata lugens*, Nb : *N. bakeri*, Nnl : *N. nr. lugens*, Nmi : *N. muiri*, Pc : *Prokelicia crocea*, Pm : P. maginata, Ps : P. salina, Pd : P. dolus, Sf : Sogatella furcifera Sm : *S. mantho*, Sv : *S. vibex*, Sk : *S. krugeri*
M : 장시형, B : 단시형, ※ : 안정된 서식처 종

는 분류군에 따라 차이가 있다. Denno(1994)는 *Javesella, Nilaparvata, Prokelisia* 그리고 *Sogatella* 등 4개 분류속 멸구류에 있어서 이동성과 몸의 크기의 관계를 조사하여 그림 3-1과 같은 결과를 얻었다.

그림에서 이동종이란 야외개체군에서 장시형 비율이 단시형 비율보다 큰 경우이고 정주성 종이란 90% 이상의 암컷이 단시형인 경우이다. 그리고 중간종이란 암컷의 단시형 비율이 50~90% 사이의 경우를 말한다. 그림에서 보는 바와 같이 분류속(따라서 크기가 비슷하다)내에서 이동성 종들의 암컷의 크기는 정주성 종의 그것에 비하여 명백히 크다. 그런데 *P. maginata*와 *P. dolus*의 경우(그림 3단 Pm과 Pd) 같은 종에서도 안정된 서식처(따라서 이동의 필요성이 적다) 개체가 그렇지 않은 곳의 개체들보다 몸이 크다. 이것은 같은 종이라도 서식처환경에 따라 크기가 달라질 수 있음을 뜻하는 것으로 환경조건의 영향과 관련 중요한 의미가 있겠다.

Dixon 등(1993)은 22종의 무시형과 43종의 유시형 진딧물의 체중에 대한 생식소의 무게 비율 빈도를 조사하여 그림 3-2와 같은 결과를 얻었다.

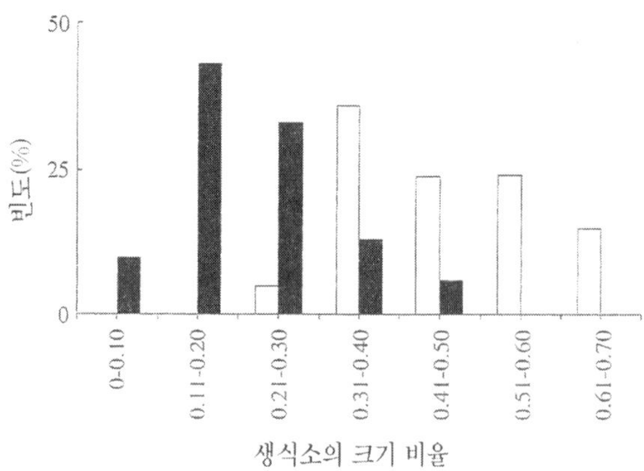

그림 3-2. 진딧물류에서 건조체충에 대한 생식소 중 비율군별 종 빈도

□ : 무시종(22종), ■ : 유시종(43종), (Dixan 등, 1993)

그림에서 보는 바와 같이 무시종의 경우는 체중에 대한 난소중 비율이 30% 이상인 경우가 대부분이고 그 이하인 경우는 극히 적은데 반하여 유시종의 경우에는 대부분이 30% 이하이고 50% 이상인 경우는 극히 적어 생식력을 반영하는 난소중의 체중에 대한 비율이 유, 무시충간에 차이가 있음을 보여 주고 있다. 그리고 이와 같은 특성은 한 종에서도 사실인 듯하다. 예를 들면 *Megoura viciae* 볼록진딧물의 경우 유, 무시충에서의 생식소 중 비율은 각각 0.19와 0.58로 무시충에서 명백히 크다(Dixon 등, 1993). 그러나 종에 따라 체중에 대한 난소중 비율은 유, 무시충간에 겹쳐지는 부분이 상당히 있으며 유시충 사이에도 상당한 차이가 있었고(예 *Aphis fabae* : 0.18~0.32) 무시충 사이에도 그러하였다(예 *Cryptomyzus ribis* : 0.15~0.61)(Dixon 등, 1993). 물론 생식소의 크기는 숙주의 영양과도 밀접한 관계가 있어 이런 점도 고려해야 하겠다.

날개다형성 곤충류에 있어서 건조체중의 지질량과 난소의 크기 사이

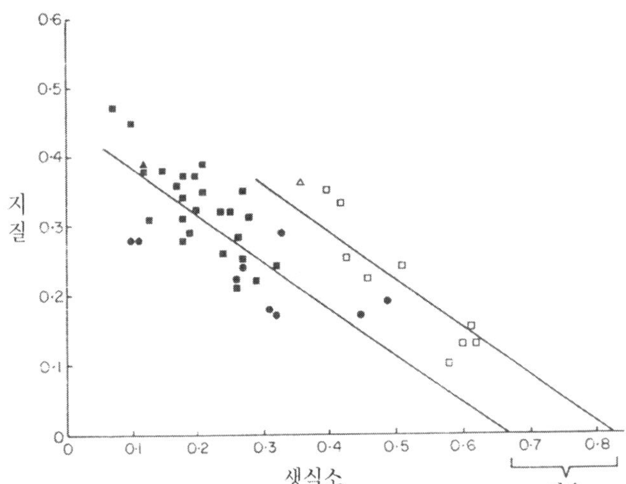

그림 3-3. 진딧물류 유,무시충에서의 체지질량 비율과 생식소간의 관계
●:알락진딧물류, □,■:진딧물류, △,▲:왕진딧물류, ■,▲:유시충, □,△:무시충
(Dixon 등, 1993)

에는 (-)의 상관관계가 있는 것이 보통이다. Dixon 등(1993)은 알락진딧물류, 진딧물류 그리고 왕진딧물류 등 3개 진딧물 분류군에서의 유시형과 무시형에서의 체지질량과 체중에 대한 생식소 비율을 조사하였다(그림 3-3).

조사대상으로 한 모든 진딧물군에 있어서의 체지질량과 생식소 중간의 관계는 같아 공분산 분석결과는 차이가 없었다. 이것은 체지질량과 생식소의 크기 사이에는 유, 무시충 모두에서 서로 간에 주고받는 관계(Trade-off)가 있음을 말해주는 것이라고 하겠다. 그러나 회기선의 기울기가 1보다는 적어 그 관계는 완전한 것은 아니고 회귀선의 위치도 차이가 있어 생식소의 크기가 같아도 체지질량은 무시충에서 적은 것이 보통임을 알 수 있다.

유시충은 저장된 지질을 비상활동에 이용한다. Cockbain(1961)은 같은 종내에서도 지질을 많이 가진 개체가 지질을 적게 가진 개체에 비하여 먼 거리를 비상할 수 있다고 하였다. 비상기간을 직접 측정할 수 없어 굶겼을 때의 생존기간을 대신 이용하였는데 지질량을 많이 가진 종이나 세대에서 굶겼을 때의 생존기간이 긴 것이 보통이다. 그런데 *Drepanosiphum platanoidis* 알락진딧물의 경우 두 세대 간의 체중에는 차이가 없었으나 제1세대와 제2세대 진딧물의 굶겼을 때의 생존기간이 109시간과 140시간으로 제2세대에서 명백히 길었는데 이것은 생식소와 지질량 간의 상대적 크기가 제1세대에서는 0.26과 0.22였으나 제2세대에서는 0.11과 0.28로 차이가 있었던 것과 관계가 있다고 한다(Dixon 등, 1993). 따라서 생존기간은 지질량과 생식소의 상대적 크기도 관계가 있음을 알 수 있다.

한편 까마귀밥못털진딧물(*Cryptomyzus ribis*)은 지질량이 제1세대와 제2세대에서 각각 0.15와 0.24(건조 중에 대하여)로 제1세대가 작으나 생식소는 0.61과 0.51로 제1세대의 것이 제2세대의 것보다 크다. 이것은 이 진딧물의 숙주식물의 영양상태가 신엽이 전개한 후 급격히 악화

되는 것과 관계가 있는 것으로 추측된다(Dixon등, 1993).

일반적으로 알락진딧물류는 주로 수목류에서 서식하고 진딧물과의 진딧물류는 초본류에서 서식하는데 전자의 경우는 항속성이 큰 서식처에서 서식하는 종들의 특성인 유시형이 주가 되어 후자에 비하여 생식소의 크기가 상대적으로 크고 지질량은 적다. 그런데 *Salix* 버드나무류를 숙주로 하는 버들왕진딧물(*Tuberolachnus salignus*)은 수목류를 숙주로 하나 생식소의 크기는 상대적으로 작고 지질량은 크다. 이것은 공생하는 개미류와 관계가 있는 듯 하다고 한다(Dixon 등, 1993). 또 진딧물류에서는 날개를 일생동안 유지하는 경우에도 비상근이 분해하는 경우가 있는데 우화 후 초기의 생식소 크기의 증가는 비상근의 분해와 밀접한 관계가 있다. 알락진딧물류에서의 성충우화 후 7일 간의 생식소 크기를 보면 날개를 유지하는 경우 감소하는데 비상근이 분해하는 진딧물류에 있어서는 증가한다. 그런데 진딧물과에 있어서도 양배추가루진딧물(*Bravicoryne brassicae*)나 *Cryptomyzus alboapicalis* 진딧물같이 우화 후 비상근을 7일간 유지하는 종에서는 생식소 크기가 감소하였다(Dixon 등, 1993).

Tanaka(1976)는 좀방울벌레(*Pteronemobius mikado*)의 경우 장시형의 최대산란기가 단시형에 비하여 약 15일 늦어지는데 이것은 그의 날개 근육이 용해하는 시기와 일치한다고 하였다. 그리고 장시형에 대하여 우화 직후 인위적으로 날개를 제거하면 비상근이 퇴화하면서 산란지연이 일어나지 않는다고 하였다.

이상으로 보아 날개다형성과 생식 간에는 주고받는 거래관계가 있어 이를 통하여 생물은 생식의 극대화를 도모하고 있다고 하겠다. 그러나 그 내용은 서식처의 조건에 따라 극히 복잡한 것이어서 각각의 생물이 처한 조건에서 생물학적인 합리성을 추구하고 있는 것으로 보인다.

3. 서식처의 항속성

곤충류에 있어서 서식처의 항상성과 날개다형성 발달 간에는 밀접한 관계가 있음을 많은 학자들이 주장해왔다. Southwood(1962)는 한 분류군내에서도 일시적이어서 항속성이 부족한 서식처 종은 항속성이 큰 서식처종에 비하면 장시형율이 높다고 하였고 이와 같은 경향은 소금쟁이류(Vepsäläinan, 1978), 멸구류(Denno, 1978), 먼지벌레류(Den Boer, 1970) 등에서도 알려지고 있다. 서식처의 항속성(Persistence, 恒續性)이란 공간적으로는 이질성이 적고 시간적으로는 유리한 조건이 장기적으

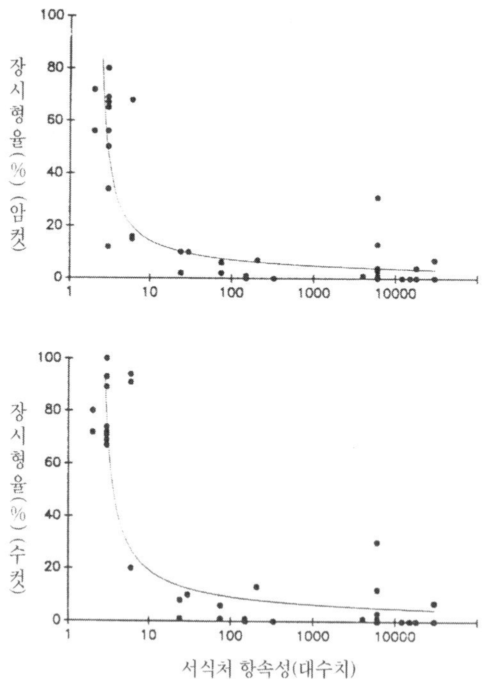

그림 3-4. 멸구류 35종 야외개체군(41)에서의 서식처 항속성과 장시형율

상 : 암컷, 하 : 수컷, 곡선식 : $y=a+1/(x^b+c)$, y=장시형율(%)

x : 서식처 항속성 지수의 log, 수컷 a=-5.450, b=0.039, c=-0.960

암컷 : a=-4.812, b=0.045, c=-0.948 (Denno 등, 1991)

로 지속되는 안정적인 서식처를 말한다. 물론 이것이 곤충류에 대하여 생물학적으로 의의를 가지려면 절대적인 시간을 기준으로 하기보다는 곤충류의 한 세대기간을 기준으로 평가하는 것이 보다 의의가 있겠으며 곤충류와 같은 변온동물의 경우에는 온도가 발육에 중요하여 유효적산 온도를 이용할 수도 있겠다.

그림 3-4는 멸구류 35종의 야외개체군 암수에서의 장시형율(%)이다.

그림에서 서식처의 항속성은 서식처의 기간과 멸구 각 종이 서식처에서 경과할 수 있는 세대 수를 감안한 값이다. 그림에서 보는 바와 같이 서식처의 항속성과 장시형율 간에는 암수 모두에서 명백한 부(-)의 상관이 있었다. 50% 이상의 높은 장시형율을 보인 것은 농작물을 기주로 하는 벼멸구 같은 것에서 뿐 아니라 자연생태계에서도 항속성이 1년 이하인 서식처에 서식하는 *Prokelisia marginata* 멸구에서도 높은 장시형율을 볼 수 있었다고 한다. 암, 수 모두에서 1% 이하의 낮은 장시형율을 보인 것은 습지대(예 *Javesella simillina*), 담수소택지(예 *Megamelus paleatus*) 그리고 바닷물이 드나드는 습지대(예 *Tumidagema minuta*)와 같은 서식처 항속지수가 2,000~12,000인 곳에 서식하는 종들에서였다. 그러나 영국의 산성 초원지대와 같이 서식처 항속지수가 작은(75 이하) 서식처 서식종 *Dicranotropis hamata* 멸구 등 몇 가지 멸구류는 장시형 출현율이 3% 이하로 적었다고 한다. 서식처 항속지수가 10을 경계로 그 이상이 되면 장시형율이 급격히 감소하고 20이상에서는 큰 차이가 없어 서식처 항속지수는 10이하에서 특히 중요함을 알 수 있다.

한편 Van Dyke를 비롯한 많은 학자들은 날개다형성이 위도나 고도와 밀접한 관계가 있으며 이것은 서식처의 항속성과 관계가 있다고 하였다.

Roff(1990)는 많은 문헌을 검토하고 무시형율이 위도가 높아짐에 따라 증가하는 경우가 14종인데 변하지 않거나 감소하는 예는 2종뿐이었다고 하고 위도에 따라 무시형종이 증가하는 경우가 10예 있었고 감소하는 경우는 2예에 불과하였다고 하였다.

한편 딱정벌레과 곤충류의 고도와 무시형율 간의 관계를 보면 고도 600m 이하에서는 무시형율이 지역에 따라 0~17.0%로 낮은데 반하여 600m 이상에서의 그것은 31.8~100%였다고 한다(Roff, 1990).

이와 같은 고도와 위도에 따르는 무시형율의 차이는 서식처의 항속성과 관계가 있는 것으로 생각하는 학자들이 많다. 이 주장은 유시형은 환경조건의 이질성과 깊은 관계가 있는데 위도나 고도에 따라 서식처의 이질성에 차이가 있다는 것을 그 추론의 근거로 하고 있다. 위도나 고도가 높은 곳은 일반적으로 온도가 낮은데 이것은 군집의 천이(Succession, 遷移)(어떤 지역 생물 군집의 구성내용이 변하여 비교적 안정된 극상 군집으로 변하는 현상)의 진행 속도가 느려 한 천이단계의 지속기간이 길어지게 되어 무시형 발달에 유리하다고 생각한다. 북미지방에서 경작을 중단하였을 때의 천이 진행을 보면 Wisconsin이나 Illinois주와 같은 북부지방에서는 관목류가 출현하는데 10~20년 정도 걸리며 40년이 지나도 목본수림이 완전히는 발달하지 못한다. 그런데 Georgia나 North Carolina 같은 남부지방에서는 15~30년이면 울폐한 교목수림이 형성되며 보다 남쪽인 Mexico 열대지방에서는 2년 이내에 목본류가 침입하고 5년 이내에 10m나 되는 교목림이 형성된다고 한다.

서식처의 항속성은 천이의 진행속도를 느리게 하거나 천이 단계의 수를 감소시키면 증대되겠다. 고산지대에서는 초원단계가 영구히 지속되며 미국 Rocky 산맥 고지대에서는 경작을 포기한 후 50~100년이 지나도 초원상태가 유지된다. 이런 사실들은 위도나 고도에 따라 생태학적 천이현상에 차이가 있어 이것이 서식처의 항속성 특성을 통하여 날개다형성 발달에 이어졌음을 뜻하는 것이다.

4. 서식처의 입체구조

서식처의 구조문제와 관련 Elton(1966)은 서식처의 입체적 구조의 중요성을 제기한 바 있으며 Lawton(1978)은 입체적 구조의 곤충류 생활전략에 미치는 영향을 논한 바 있다.

수목류는 입체적으로 복잡한 구조를 갖고 있다. 그뿐 아니라 곤충류의 생활과 직접관련이 있는 잎이나 가지 등과 같은 기관은 초본류의 그것에 비하면 서로 간의 거리가 멀고 외적 환경의 영향을 받아 짧은 시간 내에 변화한다. 따라서 수목류를 서식처로 하는 곤충류는 얼핏 보면 항상성이 큰 서식처에 서식하고 있는 듯하나 그 실상은 이와 같은 서식처에서 공간적으로 격리되고 시간적으로 변동이 큰 서식처에서 서식하고 있어 그에 따르는 적응현상으로 다양한 분산다형성을 보이고 있다.

Roff(1990)는 여러 가지 문헌을 조사 검토하여 초본류 서식 종 52종 중 유시종과 날개다형종의 비율은 각각 57.7%와 32.7%였는데 반하여 관목류나 목본류 서식종들에서는 유시종 비율이 92.3%로 훨씬 높았다고 하였다. 수목류를 서식처로 하는 곤충류 중에도 대벌레류, 극소수의 나방류 그리고 깍지벌레류 등의 암컷은 무시인 수가 있다. 이들 중 대벌레의 성충은 나무 위 높은 곳에서 알을 지상으로 '뿌린다'. 그리고 부화유충은 활발한 분산을 한다. 수목류를 서식처로 하고 있는 나방류의 경우 수컷은 유시이나 암컷은 섭식하지 않고 무시인데 그의 부화유충은 실을 토하여 바람의 힘으로 분산한다. 깍지벌레류는 식물에서 흡즙하면서 생활하는데 이들이 성충은 정주성이나 유충 특히 부하직후의 유충은 상당한 이동성을 갖고 있으며 또 계절에 따라 유시형이 출현하는 종도 있다. 따라서 이들 수목류 서식 곤충류는 목본류 서식처에 적응한 산란습성이나 생활사 특성을 갖고 있다.

한편 진딧물류는 단성세대와 양성세대가 있고 형태적으로는 유시형과 무시형이 있으며 숙주를 전환하는 등 복잡한 생활환을 갖고 있다.

피자식물을 서식처로 하는 동종기생성(한 종을 숙주로 하는 종) 진딧물류에는 알락진딧물류, 진사진딧물류, 털진딧물류, 버들흰진딧물류 그리고 털관진딧물류 등이 있는데 이들은 복숭아혹진딧물과 같이 숙주전환을 하는 종들과는 달리 한 식물에서 서식하게 되는 고로 계절의 진행에 따르는 숙주식물의 영양상태의 변화가 문제가 된다. 따라서 이들 중 많은 종들이 기주의 영양조건이 불리해지면 하면하거나 생식이 중단된 휴면 상태에 들어간다. 그리고 목본류를 서식처로 하는 진딧물류는 연중 내내 날개를 갖고 있는 종이 많다.

온대지방의 멸구류는 일반적으로 화본과 식물을 숙주로 하는 단식성이어서 서식처의 입체구조와 날대다형성 간의 관계를 밝히기가 어렵다. 그런데 Hawaii에 분포하는 멸구류는 단식성이기는 하나 이 지역에는 키가 큰 교목류에서부터 키가 작은 초본류에 이르기까지 그들이 서식처의 입체구조의 폭이 대단히 넓다고 한다. 그리고 그들이 서식처는 습림 지대로 항속성이 큰 것이 보통이다.

Denno(1994)는 멸구류 12속 150종의 날개형과 그들의 숙주의 입체구조간의 관계를 조사하여 그림 3-5와 같이 정리한 바 있다.

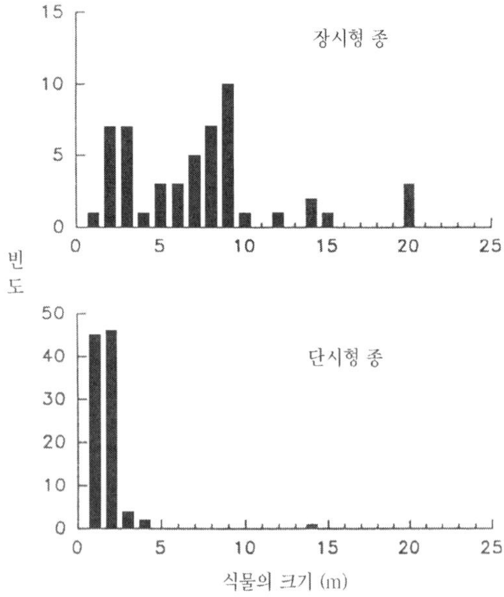

그림 3-5. Hawaii 멸구류 장시종 52종(위)과 단시종 98종(하)의 식물크기와의 관계. (Denno, 1994)

그림에서 보는 바와 같이 식물이 크기와 장, 단시형 종율 간에는 밀접한 관계가 있다. 장시형 종은 대체로 7m 이상의 수목이나 관목류를 숙주로 하고 있으며 단시형 종은 대체로 1m 이하의 키가 작은 관목류나 초본류를 숙주로 하고 있음을 알 수 있다. 수목류를 숙주로 하는 *Nesosydne* 속 멸구류 중 장시종인 *N. koae-phyllodii* 멸구는 대체로 20m 이상의 큰 나무를 숙주로 하는데 단시종인 *N. argyroxiphii* 멸구는 대부분이 키가 작은 관목류나 초본류를 숙주로 하고 있어 분류학적으로 속은 같아도 서식처에 따라 날개형에는 차이가 있음을 짐작케 하고 있다.

한편 Kiritani(1996)는 멸구류의 서식처 분화를 조사하여 갈대에서는 초관부에는 암, 수가 장시형인 금강산멸구, 중간에서 하부에 걸쳐서는 암컷은 날개가 다형이나 수컷은 장시형이 많은 *Euides speciosa*가 서식하며 지제부에는 북방멸구가 주로 서식하는 등 비교적 키가 작은 숙주에서도 서식처에 층상구조를 볼 수 있다고 하였다.

제 2 절 분산다형성과 개체군 밀도

곤충류에서 서식밀도가 높아짐에 따라 장시형 출현율이 증가하는 것은 일반적인 현상이다. 진딧물류에서 새로운 숙주로 이동하여 정착한 유시충은 무시태생 암컷을 낳으며 밀도가 높아지면 이동형인 유시충이 출현한다. 이것은 밀도증가로 숙주 영양상태가 불리해진 것이 주 원인이라고 할 수 있겠으나 밀도 증가에 따르는 개체간의 물리적 접촉도 관련이 있는 것이 알려지고 있다.

1. 종간 관계

서식밀도가 장시형 출현에 미치는 영향은 종에 따라 차이가 있다. 그림 3-6은 동일속의 멸구류 *Prokelisia marginata* 멸구와 *P. dolus* 멸구의 사육밀도에 따르는 장시형 출현상황이다.

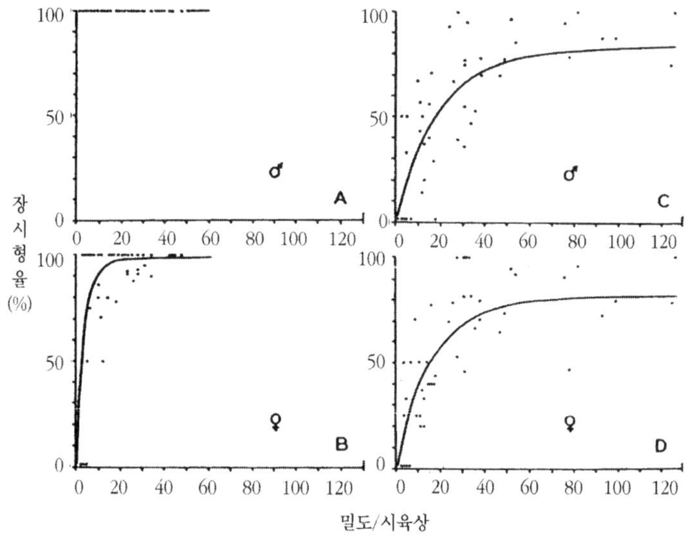

그림 3-6. 일시적 서식처종 *Prokelisia marginata*(A, B)와 항속성 서식처 종 *P. dolus*(C, D)의 사육밀도와 장시형 출현율 관계. (Denno 등, 1991)

Prokelisia marginata 멸구와 *P. dolus* 멸구는 모두가 New Jersey주에 분포하는 멸구류로 전자는 일시적 서식처 종이고 후자는 항속성 서식처 종이다. 두 종 멸구 모두에서 사육밀도가 증가하면 장시형 출현율이 증가하나 그 정도에는 종에 따라 차이가 있다. 즉 일시적 서식처 종인 *P. marginata*의 경우에는 사육밀도가 20마리 이상이면 100% 장시형이 되나 항속성 서식처 종인 *P. dolus*에서는 사육밀도가 100마리 이상이 되어도 장시형 출현율은 100%에 달하지 않아 종에 따라 밀도가 장시형 출현에 미치는 영향에는 차이가 있음을 알 수 있다. 그림 3-7은 몇 가지 멸구류의 사육밀도가 장시형 출현율에 미치는 영향이다.

그림에서 *muellerianella fairmairei*외의 멸구류는 모두가 이동성이며 일시적 서식처 종들이다. 그림에서 벼멸구, 애멸구, 흰등멸구 등에서의 사육밀도와 장시형 출현율간의 관계는 *P. marginata*의 경우와 비슷하며

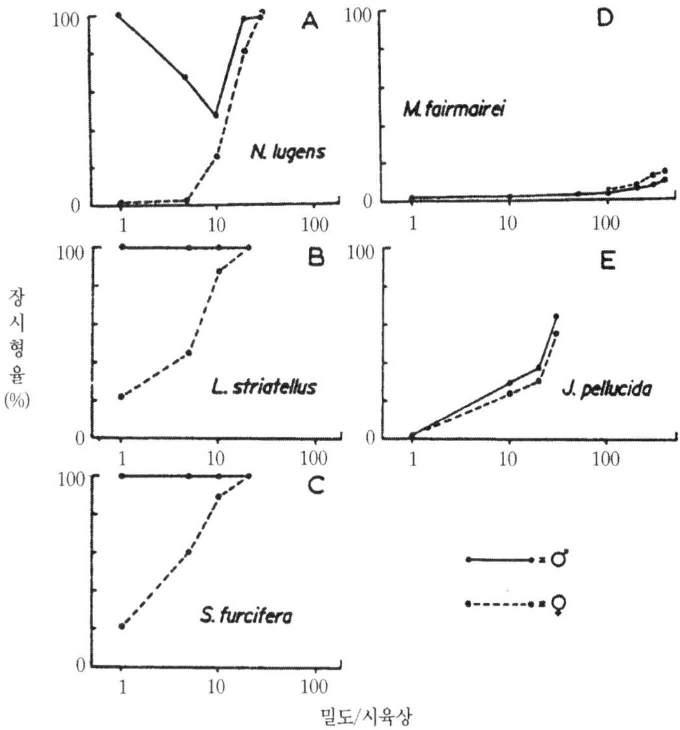

그림 3-7. 몇 가지 멸구류의 사육밀도와 장시형 출현율과의 관계

A : 벼멸구, B : 애멸구, C : 흰등멸구, D : *Muellerianella fairmairei* 멸구
E : Italic
A-C : Kisimoto, 1956, D : Drosopoulos, 1977, E : Mochida, 1973

암컷에서 보다 수컷에서의 밀도의 영향이 크다. 그리고 여기서 특이한 점은 벼멸구 수컷에서의 밀도영향으로 이 멸구의 경우는 밀도 10경까지는 밀도 증가에 따라 장시형율이 감소하나 10 이상이 되면 장시형율이 증가하고 있어 다른 멸구류와는 차이가 있는데 이것은 후술하는 바와 같은 교미문제와 관련이 있는 것으로 생각된다.

M. fairmairei 멸구는 다른 멸구류에 비하면 보다 항속성이 큰 서식처 종인데 그의 밀도-장시형간 관계는 앞서의 *P. dolus*와 비슷하여 장시형

출현은 밀도 의존적이며 그 관계는 암수에서 차이가 없다. 그리고 사육밀도가 400에서도 장시형 출현율은 20% 이하로 극히 낮다고 한다.

Javesella pellucida 멸구의 장시형 출현율 증가와 사육밀도와의 관계는 암수 모두에서 항상성이 큰 서식처 서식종인 *P. dolus*와 *M. fairmairei*의 경우와 비슷하다. 이것은 앞서 벼를 숙주로 하는 3종 멸구류에서 밀도가 장시형 출현율에 미치는 영향이 암수 간에 차이가 있었던 것과는 특이한 점이라 하겠다. 그런데 Ammar(1973)는 여러 계통의 *J. pellucida* 멸구를 대상으로 사육밀도가 장시형 출현율에 미치는 영향을 조사하여 한 계통 수컷 대부분(87%)은 사육밀도와 관계없이 장시형이었고 암컷의 장시형 출현율은 밀도 의존적이었다고 한다. 따라서 이 멸구에서의 사육밀도가 장시형 출현율에 미치는 영향은 계통에 따라 일시적 서식처 서식종과 비슷할 수도 있음을 짐작할 수 있다.

2. 종내 관계

Denno와 Grissell(1979)는 New Jersey주에서부터 Florida주까지에 걸친 대서양 연안의 *Spartina alternifora*를 주로 하는 습지대에서 *Prokelisia marginata* 멸구의 날개다형성을 조사하고 그의 서식처에서의 식초 크기의 변이와 장시형율 간에는 깊은 관계가 있다고 하였다.

조사대상지역이 대단히 넓어 이와 같은 관계는 여러 가지 관련요인의 영향이 복합된 것이라고 생각된다. 그 중 중요한 요인의 하나인 온도는 위도에 따라 차이가 있어 저위도 지역은 온도가 높아 식초의 존재기간이 길어 장시형 출현율은 온도가 낮은 북부지방에서 높아질 수 있겠다. 그런데 그림에서 보는 바와 같이 Georgia와 Florida의 개체군 중 초장의 변이가 큰 지역의 개체군 중에는 북부지방의 개체군과 비슷한 장시형율을 가진 것이 있다. 이것은 온도의 영향보다는 식생의 크기 변이 즉 서식환경의 이질성이 보다 중요한 뜻이 있음을 시사하는 것으로 보인다. 실제로 식생크기의 변이계수는 New Jersey주 Tuckerton(1975)과

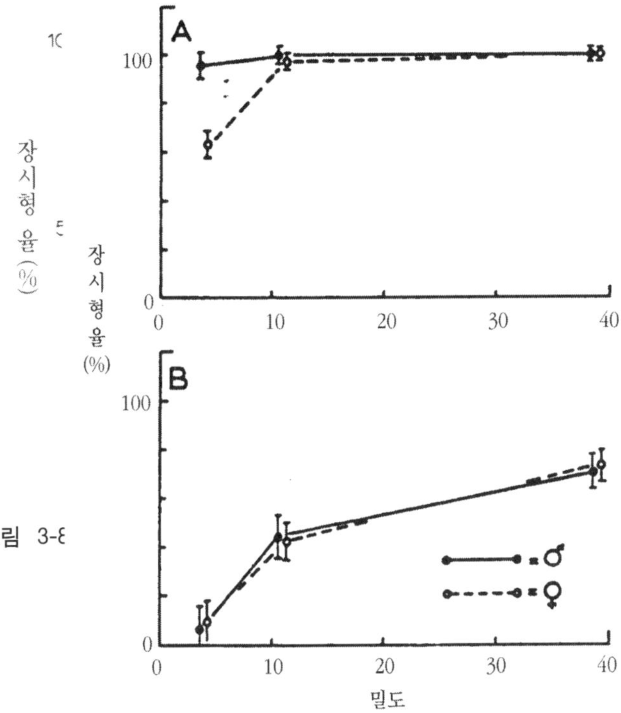

그림 3-9. *Prokelisia marginata* **멸구 두 지역개체군의 사육밀도와 장시형 출현율과의 관계.** (Denno 등 1991)
A : 일시적 서식처 개체군(New Jersey), B : 항속성 서식처 개체군(Florida).

Florida주 Cedar Key(1976)에서 각각 63%와 26%로 명백한 차이가 있었으며 식생크기의 변이계수와 장시형 출현율간에는 r=0.943의 높은 상관관계가 있었다.

한편 Denno 등 (1991)은 *P. marginata* 두 개체군에서의 밀도와 장시형 출현율 간의 관계를 조사하였다.

그림에서 보는 바와 같이 일시적 서식처 서식 New Jersey 개체군은 항속성이 큰 서식처 서식 Florida 개체군에 비하면 낮은 밀도에서도 장시형 출현율이 높아 사육밀도 20마리에서 거의 100%의 장시형 출현율을 보이는데 반하여 항속성이 큰 서식처 서식 Florida 개체군은 사육밀도가 40마리에서도 80% 이하의 장시형 출현율을 보이고 있으며 그 반응도 New Jersey 개체군의 수컷은 밀도와 거의 관계없는데 반하여 암컷은 장시형 출현율이 밀도 의존적인데 Florida 개체군에서는 암, 수간에 사육밀도에 대한 반응에 차이가 없다. 그런데 이아 같은 관계는 홍수림과 같은 교목군집에서와 불안정한 만안지역과 같은 생태계에서는 찾아볼 수 없어 서식처의 안정성 문제의 중요성을 반영하고 있다.

3. 암수에서의 날개다형성

단성생식을 하는 곤충류에서는 별문제이나 곤충류는 산란 전에 교미를 해야 하는데 날개의 유무는 교미할 상대를 찾고 교미의 성공 여부와도 깊은 관계가 있다.

Roff와 Fairbairn(1993)은 암, 수에서의 날개형을 조사하여 표 3-1과 같은 결과를 얻었다.

표 3-1. 날개다형성 곤충류에서의 암, 수간 장시형 비율 특성.

(Roff와 Fairbairn, 1993)

곤충분류군	♂ > ♀	♂ = ♀	♂ < ♀
메뚜기목	1	1	12
매미목	19	21	0
노린재목	5	10	3
딱정벌레목	1	41	2
다듬이벌레목	2	0	3
벌목	1	0	2
총채벌레목	0	0	1
계	29	73	23

표에서 보는 바와 같이 대부분의 곤충류에서 수컷의 장시형율은 암컷의 그것들과 비슷하거나 큰 것이 보통이며 딱정벌레류에서는 비슷한 경우가 거의 대부분이고 매미목에서는 큰 종수와 비슷한 종수가 거의 같다. 그런데 특이한 것은 메뚜기목의 경우로 이들에서는 다른 곤충류에

서와는 달리 암컷의 단시형율이 수컷의 그것보다 훨씬 높다(86%). 메뚜기류의 수컷은 비교적 이동성이 약하며 교미를 위한 암컷과의 접촉은 수컷이 내는 소리를 통하여 이루어진다. 메뚜기류가 소리를 낼 때에는 대사율이 4~18배나 증가한다고 한다(Stevens와 Josephen, 1977). 따라서 메뚜기류에서는 수컷이 단시형 또는 무시형일때 교미에 유리한 것으로 생각된다. 반면 매미목에서는 암수가 비슷한 경우와 암컷에서보다 수컷에서 장시형율이 높은 종이 많은데 이것은 수컷이 암컷을 찾아 교미하는 경우가 많은 것을 의미하는데 앞서의 벼멸구의 장시형 출현율과 밀도와이 관계를 생각할 때 교미행동특성을 짐작할 수 있을 듯하다. 그런데 메뚜기류 이외의 곤충류에서는 수컷이 암컷을 찾아 교미하는 것이 보통이다. 따라서 메뚜기류 이외의 곤충류에서는 수컷의 장시형율이 높거나 비슷한 경우가 많은 것은 이런 교미시의 수컷의 행동특성과 관계가 있는 것으로 보인다.

Roff(1990)는 딱정벌레목, 나비목 그리고 파리목 52개과에서의 암컷의 이동성과 수컷의 날개형 사이의 관계를 조사하여 표 3-2와 같이 정리하였다.

표 3-2. 세 개목 곤충류에서의 암컷의 이동성과 수컷의 비상성과의 관계.

		암 컷	
		이동	비이동
	전 체	계 (C, L, D)	계 (C, L, D)
수 컷	비비상	35 (23, 1, 11)	1 (1, 0, 0)
	유 시	3 (2, 0, 1)	13 (4, 5, 4)

C : 딱정벌레목, L : 나비목, D : 파리목 (Roff, 1990)

표에서 보는 바와 같이 암컷이 이동성을 갖고 있을 때 38개과 중 수컷이 유시인 경우는 3개과이고 날개를 갖지 않는 경우는 35과로 날개를 갖지 않는 경우가 훨씬 많은 반면 암컷이 이동성을 갖고 있지 않은 때는 수컷이 날개를 갖지 않는 경우는 14개과 중 1개과에 불과하나 유시의 경우는 13개과로 훨씬 많아 암컷이 이동성이 없을 때는 수컷이 날개를 갖는 경우가 많고 반대로 암컷이 이동성이 있을 때는 수컷에서 날개가 없는 경우가 있는 경향이 있음을 알 수 있다.

이런 사실들은 교미 양식에 따라 교미 상대를 확보하는데 날개의 발달이 큰 의미가 있음을 말해주는 것이라고 하겠다.

제3절 분산다형성의 적응적 의의

일반적으로 단시형은 장시형에 비하여 초산 연령이 빠르고 산란수가 많다. 이것은 적응도의 척도의 하나인 내적자연증가율(r)을 크게 하는 고로 적응면에서 중요한 의의가 있다고 하겠다. 단시형 곤충류에서 증식력이 큰 것은 날개나 비상근 발달에 이용할 에너지를 난자발육에 이용하기 때문인 것으로 알려지고 있다. 비상근은 곤충 체중의 10~20%에 달하며(Roff ,1990) 진딧물류에서는 비상기관을 발달하게 하면 생식소의 크기가 20%나 감소한다고 한다(Dixon, 1993). 귀뚜라미류에서는 비상에 이용되는 Triglyceride의 양이 장시형에서 단시형보다 명백히 많다(Zera 등, 1994). *Gryllus rubens* 귀뚜라미의 경우 단시형의 비상근은 보잘것없으나 난소중은 장시형에 비하여 훨씬 크다(Mole과 Zera, 1993). 이것은 비상기관의 유지나 이동에도 에너지가 필요함을 뜻한다. 물론 이동 중에 죽거나 부적당한 곳에 도착할 위험성도 있겠다. 이와 같이 비상 이동에는 에너지 소비나 생존율 감소 등과 같은 부담이 따른다. 만약 서식환경이 안정되어 있어 이동의 필요성이 적으면 이런 부담은 필요 없을 것이다. 여기에 단시형의 적응적 의의가 있는 것이다. 그러나 환경이란 공간적으로 이질적이어서 유리한 환경조건은 분포가 고르지 못하고 그 크기(Patch, 소괴)에 차이가 있고 그들 간의 거리 또한 차이가 있으며 시간적으로도 영속성에 차이가 있게 마련이어서 이동으로 보다 유리한 환경조건을 차지하는 경우가 유리한 수가 많겠다. 예를 들면 온대지방에서는 겨울에는 유리한 월동처를 찾아야 하고 작물포장 같은 곳에서는 작물의 재배상황에 따라 환경이 크게 변한다. 따라서 곤충류는 이런 환경변동에 대응하여 미리 그 변동을 시사하는 환경적 신호를 이용 장시형이 되어 이동할 필요가 있겠다. 또 먹이조건은 밀도에 따라 불리하여지는 것이 보통이다. 따라서 밀도 증가에 따라 사망률이 증가하고 생식력이 감소하게 되면 이동형을 출현시켜 이동하는 것이 유리할 것이다. 멸구류나 매미충류 같은 것에서 밀도가 증가하면 장시형 출현율이 높아지는 것은 잘 알려져 있는 사실이다. 벼멸구의 경우 비래한 장시형이 정착하면 처음 몇 세대는 밀도가 낮아 단시형 출현이 많고 그에 따라 밀도가 높아지면 장시형이 출현하여 분산한다. 진딧물류는 세대기간이 짧아 무시형에 의한 폭발적인 증가가 있은 후 유시형이 출현하여 새 기주로 이동한다. 이들에서 공통된 점은 단시형 또는 무시형은 증식력이 크며 장시형 또는 유시형은 이동에 유리하다는 점인데 이들은 각 형이 갖는 장점을 묶은 생활사 전략을 갖고 있는 셈이다. 따라서 이들의 경우에는 날개형을 상호보완적으로 활용하고 있는 것이다. 그리고 표현형이 갖는 가소성 내지는 융통성 또한 적응면에서 중요한 것이다.

한편 미국의 조간대에 분포하는 벼과식물을 숙주로 하는 *Prokelisia marginata* 멸구의 장시형은 단시형에 비하여 고단백 숙주에 기생하는 경향이 있어 이동이 선택적임을 나타내고 있으며(Denno 등, 1980) 사탕수수의 해충인 *Cavelerius saccharivorus* 긴노린재의 경우에도 장시형은 주로 번식에 유리한 새 사탕수수 포장으로 이동하는 것이 알려져 있는데 이것은 불리해진 서식처를 피하기보다는 장시형이 보다 유리한 번식장소를 찾는 적극적인 역할을 한다고 하겠다.

장시형은 단시형에 비하여 번식력이 떨어지는 것이 보통이나 벼멸구에서는 장시형과 단시형의 내적자연증가율(r)은 거의 차이가 없으며 전기 *C. saccharivorus* 긴노린재의 경우 총 산란수는 낮은 밀도에서 우화한 단시형이 가장 많았으나 높은 밀도에서 우화한 것에서는 장시형의 산란수가 단시형보다 약간 많은 경향이 있었다고 한다(Fujisaki, 1986). 그런데 이 때 높은 밀도에서 우화한 경우 장시형이 단시형보다 몸이 크고 수명이 길어 이런 현상이 산란수와 관계가 있었던 것으로 생각된다. 그러나 장시형은 산란전 기간이 명백히(통계적으로) 길어 내적자연증가율은 작아진다(Nakasuji, 1988). *Calathus melanocephalus* 먼지벌레에서도 장시형이 단시형보다 총 산란수가 많으며 *Aphis fabae* 진딧물에서는 유시충에서 배자의 발육이 빨라 적당한 기주식물에 정착한 것은 폭발적인 증식을 하는 것이 알려져 있다.

이와 같이 장시형이나 유시형과 같은 이동형이 번식능력에 있어서 꼭 떨어지지 않는 경우가 있을 뿐 아니라 이동이 갖는 또 다른 측면의 적응현상도 생각할 수 있겠다. 즉 *P. marginata* 멸구나 *C. saccharivorus* 긴노린재의 경우는 보다 좋은 숙주로의 이동이기 때문에 비록 당대의 증식력은 적으나 좋은 숙주에서 자란 다음대의 성충은 몸이 커서 일시적으로 감소한 내적자연증가율을 다음세대에서 어느 정도 보충할 수 있을 수도 있겠으며 이동한 곳은 천적류가 적은 것이 보통인 고로 생존율이 높아질 수도 있겠다.

한편 적응도를 비교할 때에는 산란수 뿐이 아니고 알의 크기 또는 괴상으로 산란할 때는 난괴의 크기도 같이 고려해야 하다. 전기 *C. saccharivorus*나 *Jadeora acola* 노린재의 경우 장시형의 알이 단시형의 그것보다 크며 *Horvathiolus gibbicollis* 긴노린재나 애멸구의 경우는 반대인 것이 알려지고 있다. 따라서 내적자연증가율에 미치는 영향의 평가에는 이와 같은 문제와 더불어 차세대까지도 포함한 장기적 영향도 고려되어야 하겠다.

날개다형성은 생활사 형질의 또 하나의 중요한 형질인 휴면현상과도 깊은 관계가 있는데 휴면여부는 일종의 생리적 다형성으로 생각할 수 있다. 전기 *C. saccharivorus* 긴노린재는 늦가을에 휴면난을 낳는데 장시형의 알이 단시형의 알보다 휴면심도가 깊다고 한다.

장시형과 단시형 또는 유시형과 무시형은 이주와 정주라는 서로 다른 번식전략을 가진 곤충이 갖는 종내의 변이로 비상에 의한 이동성은 서식환경의 변화와 이질성에 대응한 적응현상이다. 그러나 이것은 동시에 에너지면에서의 부담을 안고 있는 것으로 초산 연령이나 산란수와 같은 다른 형질에는 제약이 된다. 이와 같은 상반된 문제를 해결하기 위한 진화과정이 날개의 다형화 현상이라고 하겠다. 이런 전략을 통하여 서식처가 안정된 기간에는 단시형으로 높은 증식력을 발휘하고 환경조건이 불리해지면 장시형으로 새로운 서식처로 이동 정착하고 있는 것이다.

한편 지금까지 날개다형성의 적응적 의의에 관하여는 주로 암컷을 대상으로 설명하였는데 유시와 무시종을 포함하고 있는 분류군(목)에서 암컷이 무시인 경우가 다듬이벌레류, 풀잠자리류, 나비류, 벌류, 파리류 등에서 알려져 있고 수컷이 무시인 경우는 강도래류와 총채벌레류 두 부류군 뿐으로 적다. 지금까지 수컷의 날개다형성은 암컷에서 발달한 날개다형성의 유전적 상관으로 생각한 경우가 많다(Roff와 Fairbairn, 1993).

식균성인 *Hoplothrips pedicularius* 총채벌레의 단시형 수컷은 장시형 수컷에 비하여 앞다리의 종아리마디가 훨씬 잘 발달하는데 이것은 수컷들 간의 교미경쟁에 유리한 특성이라고 한다(Crespi, 1986). 이와 같은 예는 *H. karnyi* 총채벌레(Crespi, 1988)나 귀뚜라미류(Roff와 Fairbairn, 1991)에서도 알려지고 있다. 그리고 *C. saccharivorus* 긴노린재의 경우에는 단시형 수컷이 장시형 수컷에 비하여 성적성숙이 빠르고 교미전기간이 짧아 단시형 암컷 뿐 아니라 이동전의 장시형 암컷과도 교미할 수 있어 유전자 확산에 도움이 된다고 한다(Fujisaki, 1986). 또 *Gryllus firms* 귀뚜라미의 경우에는 단시형 수컷이 장시형 수컷보다 교미를 위한 암컷 유인 Calling이 빠르고 그 시간도 길어 보다 효율적으로 암컷을 유인한다고 한다(Roff, 1994). 그리고 벼멸구의 수컷은 낮은 밀도나 높은 밀도에서 장시형 출현율이 높고 중간 밀도에서는 장시형 출현율이 낮은데 이것 역시 교미효율과의 관계를 생각하면 이해할 수 있을 듯하다.

Roff(1990)는 수컷에서 보다 암컷에서 무시형이 더 많은 이유로 알의 생산이 정충의 생산보다 부담이 더 크며 수컷은 교미상대를 찾아야 하기 때문에 장시형이 많다고 하고 암컷의 이동성과 수컷의 무시화는 관계가 있다고 하였다(표 3-1과 2 참조).

위의 사실들은 수컷에서도 단시화는 적응적 의의를 갖고 있음을 뜻하는 것이다. 따라서 곤충의 날개다형성의 진화는 암컷과 수컷 모두에서 각각에서의 적응도면에서 장점과 상호간의 유전적 상관이 서로 관여한 복잡한 현상으로 생각된다.

제 4 절 분산다형성의 진화

곤충류는 거의 모든 종이 유시이다. 그러나 유시아목 중에도 무시 또는 단시형이 있어 원래의 분산성을 상실 또는 감퇴시킨 것이 상당히 있다. 따라서 분산다형성의 진화문제는 원래 장시형 만으로 되어 있던 것이 어떻게 하여 단시형을 갖게 되었으며 단시형만으로 고정되지 않고 어떻게 하여 분산과 관련된 다상현상을 갖게 되었는가의 문제이다.

Roff(1994)는 이동력을 가진 날개다형성이 어떻게 발달하게 되고 이질적인 환경조건하에서 어떻게 유지되는가를 일정기간 존속하는 불연속적인 서식처 소괴(Patch)에 살고 있는 장시형 만으로 된 개체군에 돌연변이로 단시형이 생긴 경우를 가정하고 시뮬레이션 모델을 이용한 해설을 하였다. 그는 완전변태류에서는 날개형 1 유전자좌 2 대립인자에 의하여 결정되며 단시형이 우성인 것이 보통인 고로 단시형 돌연변이 대립인자는 우성임을 전제로 날개다형성과 이동관계를 논하였다. 그 결과 돌연변이로 생긴 단시대립 유전자가 우성이고 단시형이 보다 적응도가 높은 경우에는 장시형 뿐인 개체군내에 빠른 속도로 단시형 유전자가 확산되나 장시의 대립유전자를 완전히 대체하지는 못하고 어떤 평형빈도를 갖게 됨을 알 수 있었다. 그리고 개체군내의 장시형 개체빈도는 소괴(Patch)의 존속기간, 장시형이 갖는 부담, 이동개체의 비율 그리고 다른 소괴로 이동하였을 때 살아남을 수 있는 확률 등이 관련이 있으나 그 중 앞의 두 가지 요인이 보다 중요하다 하였다. 이런 추론은 날개형이 1 유전자좌 2 대립유전자의 지배를 받을 때는 모두가 단시형 유전자가 우성이며 서식처의 영속성과 단시형율이 관계가 있는 경우가 많은 여러 가지 연구결과로 뒷받침되고 있다. 그러나 날개다형성 곤충의 경우 날개형은 유전자만이 아니고 여러 가지 환경요인이 밀접하게 관련되어 있는 수가 많아 같은 유전자형에서도 표현형은 환경조건에 대하여 가소성 반응을 나타내는 경우가 많다. 예를 들면 멸구류를 비롯한 여러 가지 날개다형성 곤충류에서는 높은 밀도가 장시형 출현과 밀접한 관계가 있는 것이 알려져 있는데 이것은 과다한 밀도로 악화된 서식장소를 벗어나려는 전략으로 생각되며 호르바드깨알소금쟁이(*Microvelia horuvathi*)나 긴깨알소금쟁이(*M. douglasi*)의 경우에는 유충밀도가 높아지면 유시형이 출현하기 쉽다(Muraji와 Nakasuji, 1988). 일시적인 물웅덩이에 서식하는 이들 곤충에서는 밀도가 높아지는 것이 물이 말을 전조로 되어 있는 셈이다(가물면 물웅덩이의 물량이 감소한다). 이들에 있어서는 개체군 밀도가 서식처의 존속성에 대한 척도가 되어 밀도의존적인 장시형 출현은 적응적 의미가 있겠다.

일장이나 온도가 날개형 결정에 영향을 미치는 경우도 있다. 미국의 *Limnoporus canaliculatus* 소금쟁이는 일장이 짧아지면 장시형이 생긴다(Zera 등, 1983). 이것은 월동을 위한 적당한 장소를 찾기 위함인 것으로 보인다. 소금쟁이(*Aquarius paludum*)는 휴면유기임계일장보다 길기는 하나 단일일 때에 장시형을 출현시키는데 이것은 8월 중순에서 9월 초순에 걸쳐 출현하는 제2세대의 소금쟁이를 장시화 시키며 한 번 더 번식할 수 있게 한다(Harada와 Namata, 1993). 이것은 9월의 태풍 등으로 물이 많아지는 것과 관계가 있는 듯 하다고 한다. *Cavelerius saccharivorus* 긴노린재는 밀도보다도 고온과 장일 조건에 반응하여 장시형을 출현시키는데 이런 요구조건 때문에 여름세대에 장시형율이 높은데 이 시기는 고온일 뿐 아니라 기주인 사탕수수의 생육이 왕성하여 이주처도 많아져 이동이 유리한 시기이다.

이와 같은 장시형 출현의 계절성은 서식처의 계절적 변화나 이질성에 대응한 생활사 전략이라고도 생각된다. 따라서 이런 경우는 날개다형성은 계절다형성의 일종으로 볼 수도 있겠다. 곤충류의 날개다형성은 서식환경의 이질성에 대응하기 위한 이동형인 장시형 또는 유시형을 필요한 때에 출현시키는 능력을 가진 생활사 전략이다. 비상에 의한 이동분산은 대단히 적응적인 형질이나 이것은 에너지 부담이 포함된 적응이며 초산 연령이나 산란수와 같은 다른 중요한 생물학적 형질에는 부담이 된다. 이와 같은 문제를 해결하기 위한 진화전략이 이동형과 정주형을 종내에 발달시킨 것이 날개다형성이라고 생각된다.

제 4 장

곤충의 계절적 적응

지구의 자전축은 공전면에 대하여 수직이 아니고 23도 30분 정도 경사가 있기 때문에 한 지역에서의 밤과 낮의 길이나 대양광선의 입사각이 1년을 기준으로 주기적으로 변화한다. 태양광선의 입사량은 하지경에 최대가 되고 동지경에 최소가 된다. 이와 같은 입사량과 방열량에 따라 연간 기온 변동이 대체로 정해진다. 그리고 지구상의 기후는 위도에 따르는 경사가 있어 기온의 계절적 변화의 폭은 적도 부근에서 적고 양극으로 가면서 커진다.

생물은 불리한 환경조건을 피하여 유리한 환경으로 이동하고 불리한 환경조건이 지속되는 동안 생장이나 발육 또는 생식을 일시적으로 정지하였다 환경조건이 유리해지면 다시 활동한다. 그리고 형태나 행동을 환경조건에 따라 변화시키기도 한다.

그런데 곤충류의 계절적 환경변화에 대한 생리적 대응이나 행동적 적응현상은 불리한 환경조건에서 살아남기 위함과 더불어 생장이나 생식 또는 이동과 같은 생활사 전체에 걸친 전반적인 일치성 성취도 중요한 의미를 갖고 있으며 여기에는 내분비기관의 기능이 깊이 관여되어 있다. 장기적이고 내분비기능이 관련된 생리작용이나 행동적 변화는 휴면현상과 밀접한 관계가 있다. 휴면현상은 그때그때의 환경조건과의 관련보다는 전체 생활사 과정이 환경조건의 계절적 변동과 일치하도록 하는데 중요한 의의가 있다고 하겠다.

흔히 휴면은 시기적 도피이고 이동은 공간적 도피라고 생각하는데 여러 가지 곤충류에서 이 두 가지 현상은 밀접한 관계가 있어 엄밀한 구별이 어려운 수가 많다. 이동이나 휴지 그리고 다상현상은 휴면과 관계없이 일어날 수도 있으나 이 경우에는 휴면이 관련되어 있을 경우와는 달리 생활사와 계절적 환경조건 변화간의 일치성이라는 점은 결여되어 있다.

곤충류의 변화하는 환경에 대한 적응에 관하여는 여러 학자들의 상세한 종설(Brakefield 등, 2003, Blackman, 1974, Danilevsky, 1965, Dixon, 1985, Moran, 1992, Tauber 등, 1986, Masaki, 1982)이 있고 저자도 '식물과 곤충의 공존전략(2007)'에서 논한 바 있다. 여기서는 휴면현상을 중심으로 곤충류의 계절적 적응을 살펴보려고 한다.

제 1 절 계절적 적응과 휴면

환경조건은 그것이 생물적이거나 무생물적이거나를 막론하고 직접, 간접적으로 계절과 관계가 있다. 생물의 생장이나 생식, 휴면 그리고 이동과 같은 생물학적 현상은 환경조건의 연간 변동에 발맞춰 진행된다.

국지적이고 불규칙한 환경조건의 변동과는 달리 계절적 변동은 넓은 지역에 걸쳐 주기적으로 반복된다. 여러 가지 곤충들은 이런 계절적 환경조건 변동을 앞으로 다가올 환경조건 변화를 예고하는 환경요인을 신호로 감지하여 특별한 생리작용이나 형태 또는 행동적 변화를 일으켜 이에 대비할 수 있는 능력을 갖고 있다. 이런 변화는 종에 따라 차이가 있는데 이것을 휴면증후군(Diapause Syndrome, 休眠症候群)이라고 한다.

휴면은 곤충의 종에 따라 차이가 많아 휴면을 한마디로 정의하기는 힘들다. 휴면은 거의 모든 계절면이나 계절적 이동이나 다상현상과 같은 여러 가지 계절적 적응현상이 알맞은 시기에 일어나게 한다. Tauber

등(1986)은 휴면을 다음과 같이 정의한 바 있다.

'휴면이란 신경내분비기관의 활동이 관련되어 있는 대사기능이 저하된 복잡하고도 역동적인 상태를 말하며 이때에는 형태적 발육이 정지되고 불리한 환경조건에 대한 저항성이 크며 행동이 변화하거나 활동이 약화된다. 휴면이 일어나는 생활사 발육단계는 유전적으로 정해져 있으며 그의 과정은 그 종에 고유한 것으로 보통 불리한 환경조건이 다가오기 전의 특정 환경조건에 대한 반응으로 일어난다. 그리고 휴면상태에 놓이게 되면 유리한 환경에 놓이게 되어도 생리적 상태는 일정기간 저하된 상태로 지속된다.'

원래 휴면이란 곤충의 배자발생과정에서 일어나는 배자발육의 일시적 중단현상에 대하여 Wheeler(1893)가 처음으로 사용한 용어인데 그 후 발육중단이 일어나는 발육단계와 관계없이 생장이나 발육 또는 생식의 억제 또는 중단된 상태를 말하게 되었으며 De Wilde(1962)나 Hodeck(1973)은 앞으로 다가올 불리한 환경조건 변화에 대한 곤충류의 적응과 관련된 여러 가지 생리적 변화나 행동적 변화까지를 포함시켰다. 여기서는 내건성, 내한성, 내고온성 그리고 계절적 이동이나 계절적 다상현상까지를 포함시킨 휴면증후군을 대상으로 설명하려 한다.

휴면과 관련된 환경적 신호를 상징자극(Token Stimulus, 象徵刺戟)이라고 하는데 이것은 그 자체가 생물에 대하여 유리하다거나 불리하다거나 하는 것과는 관계가 없고 다만 앞으로 환경조건이 변화할 것임을 예고하는 신호의 구실을 할 뿐이다. 가장 대표적인 것이 광주기(일장)이나 온도, 습도 그리고 생물적 요인 같은 것도 상징자극의 구실을 한다.

휴면과 관련 Dormancy라는 말이 흔히 쓰이고 있는데 Dormancy란 '잠자다'라는 말로 생리적 상태나 행동적 특성의 계절적으로 정지되는 것을 말한다. 그런데 Dormancy는 휴면을 동반하지 않는 수도 있으며 계절적으로 일어나는 휴지상태를 지칭하는 것이 보통이다. 그리고 계절적으로 일어나는 이동이나 다상현상 같은 것은 휴면과 밀접한 관계가 있는데 Dormancy에는 포함되지 않는 것이 보통이다.

Dormancy는 대부분의 경우 휴면현상을 동반하나 단순한 휴지현상까지를 포함한다. Dormancy란 생물학적 현상의 계절적 정체상태를 뜻하는 것으로 계절에 따라 춘면(Vernal Dormancy, 春眠), 하면(Astivation, 夏眠), 추면(Autumnal Dormancy, 秋眠) 그리고 동면(Hibernation, 冬眠)등으로 부르고 있는데 이것은 계절적 휴지에 대한 일반 용어로 휴면과 구별하기 위해서는 '계절면(季節眠)'이라고 하는 것이 보다 적절할 듯하다.

계절적 적응현상은 비주기적 환경조건에 대한 적응현상과 달리 불리한 환경조건이 지속되는 동안의 생존만을 위한 것이 아니고 그들이 생장이나 발육, 생식, 휴지 그리고 이동 등과 같은 전반적인 생활사 과정을 계절의 변화에 일치시킨다는 또 하나의 중요한 의의를 갖고 있다. 휴면은 생활사의 한 발육단계로 다음 발육단계로의 생활사 과정 진행을 위하여 거쳐야 할 하나의 생활사 발육단계의 구실을 하는 수도 있다. 예를 들면 누에나방의 알은 일정한 기간 저온처리 과정을 거쳐야 부화할 수 있다.

실제로 휴면 유기자극을 받으면 생물은 여러 가지 특이한 생리적, 형태적, 행동적 변화를 일으키는데 이와 같은 것을 묶은 것이 휴면증후군이다. Tauber 등(1986)은 휴면과정을 자극을 받아 내분비계의 활동이 변화하면서 섭식량이 증가하고 체내 저장물질이 증가하는 전휴면기, 대사작용이 감소하면서 생장이나 생식이 억제되고 환경에 대한 저항성이 증가하는 휴면 유기로부터 휴면 현상이 강화되는 시기, 휴면증후군이 유지되다 종료되는 시기 그리고 휴면 종료 후의 전환기 등 4개 과정으로 분류한 바 있다.

휴면증후군 중에는 대사 작용의 감퇴와 같이 모든 휴면에서 공통적인 것도 있고 성충 휴면에서 보는 생식감퇴와 같이 한 발육단계에서 공통적으로 볼 수 있는 현상 그리고 계절적 다상현상과 같이 종에 고유한 현상도 있는 등 종에 따라 휴면증후군의 발현은 특이성을 갖고 있다.

제 2 절 휴면발육단계

곤충류에 있어서 휴면은 종에 따라 일어나는 생활사 발육단계가 정해져 있으며 일어나는 계절 역시 정해져 있는 것이 보통이다. 그러나 연간 발생횟수가 다를 때는 휴면발육단계가 다를 수도 있다. 이와 같이 휴면이 일어나는 생활사 발육단계가 정해져 있다는 사실은 불리한 환경조건에 대한 저항성과 관련 중요한 일일 뿐 아니라 생장이나 발육 그리고 생식과 같은 중요한 생물학적 형상이 그때그때의 환경조건에 맞도록 일어나게 하는 데에도 중요하다고 하겠다.

Beck(1980)은 물벼룩 1종, 응애류 3종 그리고 곤충류 254종 등 총 258종 동물들의 휴면발육단계를 정리하고 알 휴면 33종, 유충휴면 98종, 번데기 휴면 60종 그리고 성충 휴면 67종을 보고 한 바 있다.

이와 같이 휴면은 어떤 생활사 단계나 연중 어느 계절에나 일어날 수 있으나 한 종에서는 정해져 있는 것이 보통이다. 알로 휴면하는 종에 있어서도 휴면 배자발육단계가 종에 따라 정해져 있다.

성충휴면의 경우는 수컷에 대한 보고가 있기는 하나 대부분이 암컷에 관한 것이다. 성충휴면 종의 경우 교미한 암컷만이 월동하고 수컷은 죽어버리는 경우도 있다(예 집모기류, 학질모기류, 벌류, 응애류 등).

생활사가 긴 종에 있어서는 휴면발육단계가 하나 이상인 수가 있다. 예를 들면 2년 1세대인 알파알파해충 *Otiorhynchus ligustici* 줄바구미는 첫 번째 겨울은 노숙유충으로 월동하고 두 번째 겨울은 성충으로 월동한다(Lincoln과 Palm, 1941). 또 2년 1세대인 *Ectobius lapponicus* 바퀴벌레는 첫 번째 겨울은 휴면난으로 경과하고 두 번째 겨울은 휴지상태의 2~3령충이나 4령 휴면충으로 월동한다(Brown, 1973). 미국의 13년 또는 17년 매미나 7년 1세대인 Alaska의 *Chironomus* 깔따구류(Butler, 1982), 5년 한 세대인 청동잠자리(*Cordulia aenea amurensis*)(Ubukata, 1980) 등과 같이 생활사가 긴 곤충류에 대하여는 휴면생활사 단계가 몇 개이고 그 기간이 얼마나 되는지 등 자세한 것에 대하여는 아직 잘 모르고 있다. 1년 1세대를 거치는 *Aedes sierrensis* 숲모기는 여름에는 휴면태 알로 지내고 겨울철에는 휴면 유충으로 월동하며 숲모기류 중에도 이런 예가 몇 가지 종에서 알려지고 있다. 그리고 *Ephippiger cruciger* 때까치의 난 휴면은 분절전 원기시기와 배자발육 후기 등 두 개 단계에 걸쳐 일어난다고 한다(Dean과 Hartley, 1977).

휴면발육단계와 관련 얼핏 생각할 때 중요한 것은 그의 불리한 환경조건하에서 장기간 휴면상태를 유지할 수 있는 것이 문제가 될 듯하다. 그런데 이상에서 본 바와 같이 곤충류에 있어서 휴면은 어느 발육단계에서나 일어나고 있다. 이것은 휴면은 신경내분비계의 활동과 깊은 관계가 있으며 곤충류에 있어서 여러 가지 신경내분비계와 대사생리는 모든 곤충류에서 공통된 점이 많은 고로 휴면은 어떤 발육단계에서도 일어날 수 있는 가능성이 있다고 생각된다. 예를 들면 누에는 뇌, 전흉선, 아라타체가 분비하는 호르몬에 의하여 알로 휴면하는데 실험적으로 용화 후 4시간 이내에 번데기의 뇌를 제거하면 번데기는 '인공적 휴면' 상태로 25℃에서 100일 정도 생명을 유지할 수 있다고 하며(Kobayashi, 1955) 알이 아니고 번데기로도 휴면할 수 있는 것으로 보인다.

다음으로 생각할 수 있는 문제는 불리한 조건에 대한 저항성의 발육단계 간 차이이다. 그러나 이것 역시 특정 발육단계가 다른 발육단계에 비하여 불리한 환경조건에 대하여 특별히 저항성이 크다는 보장은 없는 듯하다. 예를 들면 어떤 곤충이 휴면난이 갖는 내한성은 휴면하는 유충이나 번데기와 동등한 내한성을 갖고 있는 듯하며 내한성과 직접관계가 있는 과냉각점이나 냉동방어물질 축적에도 발육단계 간 차이가 없다고 한다(Asahina, 1969). 따라서 내저온성과 같은 불리한 환경조건에 대한 내성 차이가 휴면 발육단계를 좌우한다고 할 수도 없을 듯하다.

따라서 모든 발육단계들이 오랫동안 휴면상태를 유지할 수 있고 불리한 환경조건에 대하여 내성을 가질 수 있는 잠재적 능력을 갖고 있다고 하겠다. 그런데 실제로 곤충류의 휴면발육단계를 분류군에 따라 휴면발육단계에 쏠림현상을 볼 수 있다. Shirozu와 Hara(1960)는 나비류의 월동태를 조사하여 표 4-1과 같이 정리하였다.

표 4-1. 나비류 각 과의 월동발육단계. (Shirozu와 Hara, 1960)

과	알	유충	번데기	성충
팔랑나비	1	18	5	0
부전나비	32	13	8	5
네발나비	3	28	3	12
뱀눈나비	1	22	1	2
흰 나 비	0	5	9	4
호랑나비	3	0	15	0
계	40	86	41	23

표에서 보는 바와 같이 나비류의 월동발육단계는 알, 유충, 번데기 그리고 성충 등 모든 충태에 걸쳐 있기는 하나 과별로 보면 팔랑나비류나 뱀눈나비류에 있어서는 유충태 월동류가 각각 75%와 85%이고 호랑나비류에서는 번데기태 월동류가 83%이며 부전나비류에서는 난태월동 55% 그리고 네발나비과는 다른 과와 비교하여 성충태 월동이 상당히 높은 등 과에 따라 월동충태에는 상당한 쏠림이 있다. 그리고 나비류 각 과에서의 분류속내 월동발육단계를 보면 표 4-2와 같다.

표 4-2에서 보는 바와 같이 전체 44종 중 같은 분류속의 종들의 월동충태는 39종 즉 88.6%가 월동충태가 동일하여 월동발육단계에 계통학적인 제약이 있는 것으로 생각된다. 그러나 그 실상은 분류군에 따라 상당한 특징이 있는 것도 사실인 듯하다. 분류학에서는 형태적 특성을 기준으로 비슷한 것들을 묶어서 분류학적 속이나 과로 한다. 형태가 비

표 4-2. 나비류 각 과에서의 속내 월동발육단계. (Masaki, 1974)

과	같은 속 수	다른 속 수
부전나비	9	0
네발나비	12	2
팔랑나비	3	1
흰 나 비	6	0
호랑나비	4	1※
뱀눈나비	5	1※
계	39	5※

※ : 한 세대에 두 번 월동하는 종을 포함하고 있음

슷하다는 것은 아마도 비교적 멀지 않은 과거에 공통의 조상에서 분리하였다는 것으로 생각되기 때문에 같은 분류군에 속하는 종들은 조상으로부터 많은 유전자를 같이 이어 받았다고 생각되어 같은 분류군에서 휴면발육단계를 같이 하는 종이 많다고 생각할 수 있겠다. 그런데 이와 같은 추론은 같은 생활사를 유지하면서 지리적 격리에 의하여 종이 분화한 경우에는 그 가능성이 크나 같은 분류군에 속하는 곤충이 생활사가 같다고 하여 그들이 휴면발육단계를 공통의 유산으로 조상으로부터 이어 받았다는 추론은 꼭 맞는 것은 아닐 수도 있겠다.

종이란 고유한 적응양식을 갖고 그것을 유지하는 개체군으로 고유의 적응양식을 유지하기 위해서는 적응양식이 다른 다른 개체군으로부터는 유전자의 유입이 있어서는 안 된다. Masaki(1974)에 따르면 일본에는 형태나 울음소리로는 구별할 수 없으나 알로 월동하는 것과 유충으로 월동하는 두 계통의 극동귀뚜라미(*Velarifictorus mikado*)가 있는데 난월동 계통과 유충월동 계통은 성충출현시기가 가을과 초여름으로 달라 자연상태 하에서는 교잡이 거의 없어 유전자 교류가 없다. 이들은 실험실의 환경조건하에서는 교잡이 가능하며 잡종은 임성도 있다. 따라서 이런 면에서는 같은 종이라고 할 수 있다. 그러나 자연상태에서는 생활양식의 차이 때문에 유전자 교류가 없어 별개의 종이라고 해야 하겠다.

일반적으로는 해양이나 높은 산맥, 사막 등과 같은 물리적 격리가 종 분화와 깊은 관계가 있는 것으로 생각되고 있으나 이와 같은 생활양식의 차이에 의한 격리에 의한 종 분화도 가능하다고 하겠다.

한편 메뚜기류나 귀뚜라미류는 알로 휴면하는 것이 보통인데(Ohmachi와 Matsuura, 1951, Uvarov, 1966) 이것은 이들 곤충류가 땅속에 산란하는 것과 관계가 있는 것으로 생각되는데 땅속은 온도나 습도가 비교적 안정되어 있고 천적류도 적은 것이 보통이다. 일부 유충으로 월동하는 것이 있으나 이들에서도 유충은 땅속에서 생활한다.

딱정벌레류의 성충은 딱딱한 외골격이 몸을 싸고 있으며 이들은 성충태로 땅속이나 낙엽 밑에서 휴면하는 수가 많다. 잎벌레류나 무당벌레류의 알이나 유충은 외부환경에 노출되어 있으나 성충태로 휴면하는 것이 많으며 유충이나 알로 월동하는 것들은 땅속에 산란하며 유충으로 월동하는 것들은 유충의 몸이 피복물로 덮여 있다. 유충이 땅속에서 생활하는 풍뎅이류는 유충으로 휴면하는 것이 많다.

나비류 중 나무를 숙주로 하는 종들에서는 번데기로 휴면하는 것이 많은데 이것은 번데기가 딱딱한 외골격을 갖고 있으면서 고치 속에 들어있는 것과 관계가 있는 것으로 생각되며 나비류 중에도 실물체내에서 생활하는 종들 중에는 유충태로 휴면하는 것이 많다.

이와 같이 월동발육단계는 계통학적인 제약이 있는 수가 많다. 그런데 Hayes(1982)는 온대지방 나비류의 휴면발육단계와 생활사 특성간의 관계에 관하여 다음과 같은 주장을 한 바 있다. 비휴면 종은 따뜻한 지역에서 서식하면서 흔히 초본식물을 먹이로 하는 수가 많으며 성충태 휴면종으로 온난한 지역에 서식하는 종들은 목본류를 먹이로 하는 수가 많다. 그리고 용태 휴면종들은 여러 가지이나 주로 따뜻한 지역에서 목본식물을 숙주로 하며 유충태 휴면종도 여러 가지이나 많은 종이 저온지대에서 초본식물을 숙주로 하고 있으며 알로 휴면하는 종들은 유충이나 번데기로 휴면하는 종들에 비하면 다양성은 덜하나 주로 저온지대에서 목본식물을 숙주로 하고 있다고 하여 곤충류의 휴면발육단계가 생활양식과 깊은 관계가 있음을 주장하였다.

이와 같은 곤충류의 휴면발육단계와 그들의 생활양식간의 밀접한 관계는 지리적으로 멀리 떨어져 있는 곤충류(예 : 미국과 일본의 귀뚜라미류)에서도 발견되어 일종의 평행적 현상으로 생각된다.

이상에서 본 바와 같이 휴면발육단계는 계통학적인 제약을 받아 분류군에 따라 쏠림현상이 있으며 동시에 그들의 생활사 특성과도 깊은 관계가 있는 것으로 생각된다. 원래 적응이란 한계가 있으며 적응자체가 적응의 한계가 되기도 한다. 예를 들면 지상생활을 하게 된 척추동물들은 공중의 유리 산소를 이용하는 호흡기관이 발달하였는데 이들이 수서생활을 하게 되어도 일반 수서동물이 물 속 용존산소를 이용하기 위하여 발달시킨 아가미 호흡으로 되돌아가지 못하고 공중호흡을 중심으로 한 호흡기관을 이용하는 것은 이런 적응의 한계를 말해주는 것이라고 하겠다.

제 3 절 휴면유기자극에 대한 감응발육단계

휴면은 앞으로 다가올 불리한 환경조건에 대한 생물학적 적응현상이다. 휴면발육단계가 종에 따라 대체로 정해져 있는 것과 마찬가지로 휴면유기자극에 대한 감응발육 생육단계도 종에 따라 정해져 있는 것이 보통이다. 감응발육단계와 휴면발육단계는 같을 수도 있으나 같은 세대의 다른 발육단계일 수도 있고 세대를 달리한 같은 발육단계 또는 상이한 발육단계일 수도 있다. 그림 4-1은 알로 휴면하는 곤충류에서의 휴면유기자극 감응발육단계이다.

그림에서 보는 바와 같이 휴면발육단계가 다같이 알이라고 하여도 휴면유기자극 감응발육단계는 같은 세대의 같은 발육단계(왕귀뚜라미)일

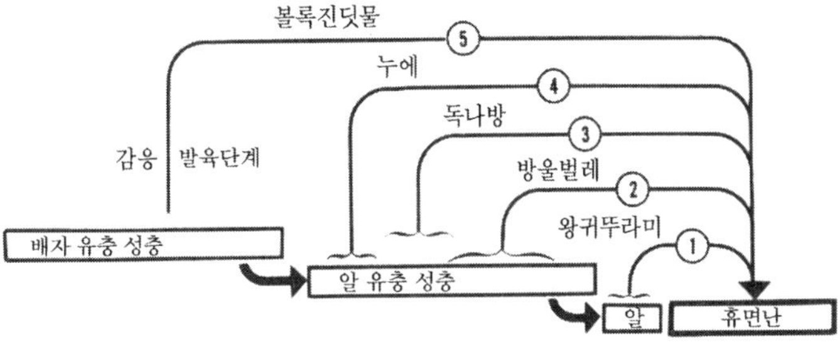

그림 4-1. 알로 휴면하는 몇 가지 곤충류에서의 휴면유기자극 수용 발육단계. (Tauber 등, 1986)
1. *Teleogryllus* 왕귀뚜라미 : 감응기는 초기배자기이고 휴면은 후기배자발육기, 2~4. *Pteronemobius* 방울벌레, *Orgyia* 독나방, *Bombyx* 누에 : 전 세대의 여러 가지 발육단계가 감응기, 5. *Megoura* 볼록진딧물과 *Myzus* 혹진딧물 : 감응기(양성충의 생산과 월동휴면난 생산)는 2세대전

수도 있으나 전 세대의 여러 가지 발육단계일 수도 있으며 *Megoura* 볼록진딧물 같은 것은 두 세대 앞의 환경조건이 직접적인 관계는 아니나 암컷과 수컷을 낳게 하여 그들이 교미하여 휴면난을 낳게 한다. 그리고 *Pteronemobius* 방울벌레의 경우는 감응발육단계가 약충기와 성충기에 걸쳐있기도 한다. 이와 같은 휴면발육단계와 휴면자극 감응발육단계의 관계는 유충기나 번데기 시기 또는 성충기에 휴면하는 곤충류에서도 양상은 비슷하다.

휴면유기자극에 대한 감응기간은 종에 따라 차이가 있을 뿐 아니라 같은 종내에서도 차이가 있어 짧은 것은 수일에 불과하나 어떤 것은 거의 일년에 가까운 것도 있다. *Teleogryllus* 귀뚜라미류 중에는 감응기간이 산란 후 5일과 6일로 불과 2일 정도로 짧은 것이 있으며(Hogan, 1960) *Aedes atropalus* 숲모기는 알로 휴면하는데 그의 지역개체군 중에는 감응기간이 4령 유충기와 번데기시기에 걸쳐 4~9일간이라고 한다(Beach, 1978). 그리고 *Megoura* 볼록진딧물의 경우는 2세대전의 약충기 전체가 감응기간이라고 한다(Lees, 1959). 애명주잠자리(*Myrmeleon formicarius*)의 자극감응기간은 여러 가지 령충 기간에 걸쳐 있어 거의 1년이나 된다(Furunishi와 Masaki, 1981). 사과해충인 *Platynota idaeusalis* 애기잎말이나방의 감응발육생육단계는 유충기 전체인데 전체 유충기를 단일처리하면 100% 휴면하나 5령 중 4령기까지만 단일처리를 하면 최대 39%만이 휴면하였다고 한다(Rock 등, 1983). 김과 현(1983)은 숫검은밤나방 유충의 발육기간은 장일(LD:18:6) 조건에서는 53.5±6.0일이고 단일조건(LD:6:18) 하에서는 85.1±14.2일로 장일조건보다 단일조건에서 유충기간이 길어지는데 그 영향은 4~7령에서 보다 명백하였다고 하였다. 이와 같은 감응기간 중의 시기에 따르는 반응 차이는 *Manduca sexta* 박각시나방(Rabb, 1966), 어리줄풀잠자리(*Chrysopa carnea*)(Tauber와 Tauber, 1970), *Neoseiulus fallacis* 응애(Rock 등, 1971), 붉은검정파리(*Callipara vicina*)(Vinogradova, 1974), 고자리파리(박과 현, 1989) 등에서도 알려지고 있다. 한편 환경조건에 따라 감응발육단계가 영향을 받는 수가 있다. 예를 들면 누에의 알 휴면은 보통 뽕을 사료로 사육할 때는 전 세대 알 시기의 온도와 광주기의 영향을 받고 유충기의 광조건이나 온도는 무관하다. 그러나 유충을 인공사료로 키울 때는 유충기 광주기의 영향을 받아 휴면하지 않기도 한다(Tsuchida와 Yoshitake, 1983). 28점박이무당벌레(*Henosepilachna vigintioctopunctata*)는 먹이가 부족하면 감응기간이 길어지는데 이것도 그 예가 되겠다. 따라서 중요한 것은 생활사 중에 어느 시기에 감응성을 가지며 그 기간은 얼마나 되며 감응기간 동안의 감수성은 어떻게 변화하는가 등이 라고 하겠다.

고자리파리(*Delia antiqua*)의 월동 후 제1세대 번데기의 일부와 제2세대 거의 모든 번데기는 휴면(하면)하며 월동세대의 번데기는 모두가 휴면(동면)한다. 박과 현(1989)은 이 해충의 유충기와 용기의 온도가 휴면에 미치는 영향을 LD:0:24의 암 조건하에서 유충과 용을 여러 가지 온도 조합에 처리하여 그림 4-2와 4-3과 같은 휴면율을 얻었다.

여기서 하면과 동면은 고온에 의한 휴면발육촉진의 차이를 기준으로

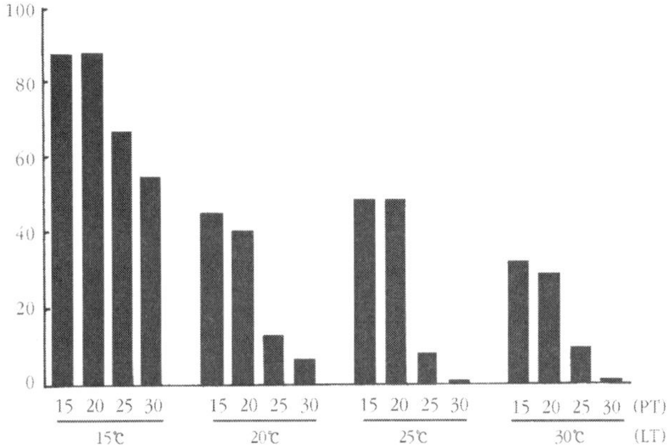

그림 4-2. 여러 가지 온도 조합에서 유충과 번데기를 사육하였을 때의 하면율

LT : 유충기, PT : 용기, (박과 현, 1989)

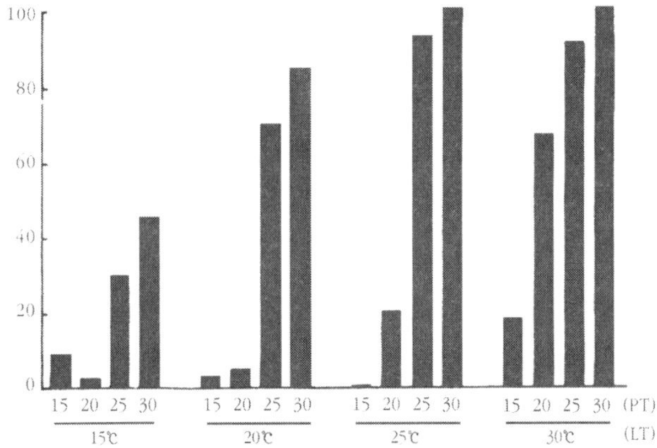

그림 4-3. 여러 가지 온도 조합에서 유충과 번데기를 사육하였을 때의 동면율

LT : 유충기, PT : 용기, (박과 현, 1989)

구별하였다. 즉 30℃에 20일간 처리한 후 15℃로 옮겼을 때 30일 이내에 우화하는 개체들은 하면용, 우화하지 않은 개체들은 동면용으로 가정하였다. 그림에서 보는 바와 같이 대체로 하면은 유충기 온도가 높을 때 휴면율이 높은 경향이 있으며 같은 유충기 사육온도에서는 용기 온도가 높을 때 휴면율이 높았다(그림 4-2). 그런데 동면(그림 4-3)은 유충기 온도가 낮을 때 휴면율이 높고 같은 유충기 온도에서는 용기 온도가 높을 때 휴면율이 낮아지고 있어 대조적이다. 이와 같은 하면과 동면에 미치는 생육기간 중의 온도의 영향 특성은 하면이 봄과 여름철에 일어나고 동면이 가을철에 일어난다는 것을 생각할 때 중요한 적응적 의미가 있다고 하겠으며 이것은 온도변화의 방향에 대한 반응차이로 생각된다. 유충기와 용기 온도가 하면과 동면에 미치는 영향을 보면 표 4-3과 같다.

표 4-3. 고자리파리 휴면에 미치는 유충기와 용기온도의 영향

(결정계수), (박과 현, 1989)

온도(℃)	하면	동면
유충	20.5	45.8
번데기	64.3	31.5
상호작용	81.0	74.6

표에서 보는 바와 같이 유충기 온도와 용기 온도의 상호작용결정계수는 하면과 동면에서 각각 81.0과 74.6으로 상당히 커서 밀접한 관계가 있음을 짐작할 수 있다. 그러나 그 내용은 하면에서는 상승적이고 용기 온도가 유충기 온도보다 영향이 큰 데 동면의 경우에는 상감적이고 유충기 온도가 용기 온도보다 영향이 커서 질적으로 차이가 있다. Miles(1955)는 영국에서 이 해충의 동면용과 비동면용을 따로따로 사육하여 다음 세대에서의 휴면율을 조사하여 두 계통 간에 차이가 없었다고 하고 연중 세대 수 또는 휴면여부는 이 해충의 선천적인 차이라기보다는 외적환경요인에 대한 반응차이라고 한 바 있다.

진주지방에서 하면율을 야외에서 조사한 것을 보면 5월 중순 이전에는 하면율이 50% 이하이나 5월 하순에는 92.1%로 급격히 증가하고 있다. 진주지방에서의 이 시기의 평균 온도는 21℃인 점을 감안할 때 이

시기가 월동 후 제1세대 유충 후기에 해당되며 이런 하면율 변동을 짐작케 하고 있다. 그리고 월동 세대 유충은 9월 하순 이후의 지중온도는 평균 15℃ 이하이다. 따라서 동면율은 높아지겠다. 이런 생활사 특성으로 보아 이 해충의 하면과 동면은 생활사 과정을 계절의 변화에 역동적으로 일치시키는데 중요한 적응적 현상이라고 하겠다.

제 4 절 환경조건의 계절성과 곤충의 생활사

곤충류는 다양한 생활사를 갖고 있다. 곤충류의 세대기간은 미국의 *Magicicada* 매미류에서와 같이 17년 또는 13년으로 상당히 긴 것이 있기는 하나 대체로 1년 이내인 것이 대부분이다. 곤충류를 연간 세대수에 따라 1화성(Univoltine, 1化性), 2화성(Biovoltine, 2化性), 다화성(Miltivoltine, 多化性) 곤충류 등으로 분류하기도 한다.

환경조건의 계절적 변동은 곤충생활에 중요한 생태학적 요인의 하나이다. 곤충류는 이와 같은 환경조건 변동에 대하여 특이한 적응체계를 갖춘 생활환(생물이 세대마다 겪는 발생, 생장의 과정)을 갖고 있다.

곤충류는 종에 따라 세대수가 다르고 각각의 발육단계가 겪게 되는 계절도 차이 있으며 먹이조건이나 행동도 그에 따라 변한다. 이런 것은 계절적 이형이나 양성생식과 단성생식의 배열상 같은 것에서도 종 특이성을 갖게 한다.

곤충류의 생활환은 종에 따라 다양하나 기본적으로는 활동기와 생상이나 형태적 발육과정이 정체 또는 완전히 정지되어 있는 정지기가 교대하는데 후자가 휴면기에 해당하겠다.

활발한 활동상태와 휴면은 생태학적으로 명백히 차이가 있으며 이것은 온대에서는 계절적으로 여름철과 겨울철, 열대지방에서는 건기와 우기라는 두 개의 연간 기후조건에 대한 생물학적 현상으로 나타나며 휴면기의 생물은 여러 가지 불리한 환경조건에 접하게 된다. 따라서 기후적 환경에 대한 휴면발육단계의 적응은 활동기의 그것과는 다른 특이한 것으로 전체적으로 보면 활동기의 적응 못지않게 다양하다.

흔히 휴면은 생활환 중 소극적인 요소로 치부하기 쉬우나 이것은 불리한 계절에 살아남기 위한 것만은 아니고 휴면을 통하여 생활환을 매년 일정한 양식을 밟게 하고 나아가서는 계절에 적응한 발육단계를 그에 맞는 계절에 출현하도록 조절하는 것 다시 말하면 계절의 변동이라는 비생물학적 현상에 생물학적 의미를 부여하는 연결고리의 역할을 하는 것이 휴면이다. 따라서 휴면의 생리, 생태학적 특성은 곤충류 생활환 전체의 기초가 되는 것이다.

휴면은 불리한 환경조건이 생리적 저해를 일으키는 마비(Torpor, 痲痺)와는 다르다. 즉 마비는 아치사적 조건에서는 언제든지 일어나나 휴면은 그렇지가 않아 활동에 지장이 없는 조건하에서 일어나며 마비상태의 곤충은 그 생태가 오래 지속되면 죽게 되나 휴면은 거쳐야 하는 일종이 발육단계이다.

휴면은 마비와 달리 생활환의 특수한 적응단계의 하나로 활동기 발육단계의 불리한 조건이 휴면기에는 생태학적으로 정상적 조건이 되며 활동기에 치사적 조건하에서도 장기간 견뎌낼 수 있는 특수한 생리적 상태가 휴면인 것이다. 그리고 휴면은 어떤 불리한 조건에서 살아남을 수 있는 적응현상이나 그 조건과는 직접적인 관계가 없이 일어나며 종료한다. 휴면은 내부적인 주기적 과정이 중요한 작용을 하며 외부 환경의 영향은 이것을 토대로 작용하게 된다. 이것은 생리적 요인과 생태적 요인이라는 서로 독립된 요인의 이중적 지배를 받고 있는 것이다. 이것이 외적 조건의 변동과 생활환의 동기화를 성취하게 하고 있는 것이다.

1. 휴면기의 생태학적 특성

휴면을 흔히 생리적 휴지 단계라고 한다. 그러나 휴면은 완전한 불활성 상태는 아니고 휴면 중에는 눈에 띄지 않는 생리적 변화가 진행된다. 이 과정을 Lees(1955)는 휴면발육(Diapause Development, 休眠發育)이라고 하였다. 그러나 Danilevsky(1961)는 휴면기간 중에 일어나는 내부적 과정은 보통 말하는 발육과는 달리 전진적인 생장이나 분화를 뜻하는 것이 아니고 정지 또는 정체되어 있는 생리상태를 원상태로 회복시키는 것인 고로 활성화(Activation, 活性化)라고 하는 것이 보다 적절하다고 한 바 있다.

활성화는 자발적으로 진행되는 자율적인 것으로 외적 조건이 변하지 않아도 일정시기가 되면 휴면이 종료하는 수도 있다. 물론 외부조건이 활성화에 큰 영향을 미쳐 휴면의 진행을 촉진하기도 하고 지연시키기도 하는데 특히 온도와 밀접한 관계가 있다. 일반적으로 활동기에는 어느 온도 범위 내에서는 온도가 높을수록 성장이 빨라진다. 그런데 휴면의

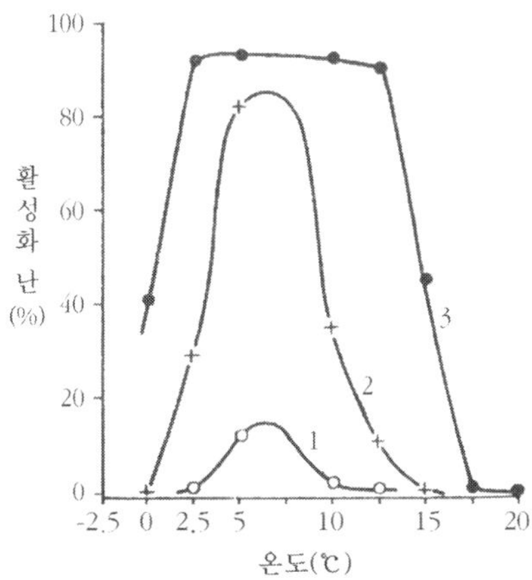

그림 4-4. 누에 휴면난의 활성화와 온도와의 관계. (Muroga, 1951)
각각의 온도에서 1:40일, 2: 60일, 3:120일 처리 후 22.5℃에 보존하였을 때의 활성화율

활성화 과정에는 꼭 그런 것은 아니어서 다른 생물학적 현상과는 차이가 있다.

누에의 휴면난은 충분한 저온을 겪지 않으면 부화하지 않아 20℃에서는 휴면이 1년 이상 지속되기도 하며 결국에는 죽는다. 활성화의 정도는 온도가 낮아지면서 증대하는데 이것은 0℃ 이상에서의 일로 0℃ 이하에서는 활성화가 억제된다. 이와 같이 휴면의 활성화 과정은 온도와 직선적 관계에 있는 것이 아니다. 그러나 여기에도 다른 생물학적 현상과 마찬가지로 최적온도와 일정한 범위가 있다. Muroga(1951)는 누에 휴면난의 활성화와 온도와의 관계를 조사하여 그림 4-4와 같은 결과를 보고 하였다.

그림에서 보는 바와 같이 누에의 휴면난에 대한 활성화 정도는 처리온도와 처리기간의 함수관계로 해석된다. 즉 활성화의 최적온도는 대체로 0℃~15℃ 사이에 있으며 그 효율은 처리기간이 길어지면 온도 범위는 넓으나 처리기간이 짧으면 그 폭은 좁아지고 있다.

이와 같은 휴면활성화와 온도와의 관계는 겨울철에 휴면하는 곤충류

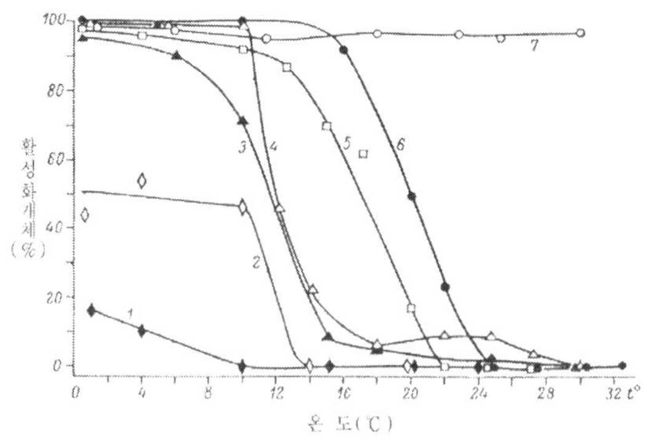

그림 4-5. 여러 가지 곤충류에서의 휴면활성화와 온도와의 관계, 온도처리 5개월 후 25°에 보존. (Danilevsky, 1961)

1. *Eriogaster lanestris* (솔나방류), 2. *Saturnia pavonia* (산누에나방류), 3. *Smerinthus ocellatus* (박각시나방류), 4. *Phalera bucephala* (재주나방류), 5. *Pieris brassicae* (흰나비류), 6. *Antheraea pernyi* (산누에나방), 7. *Philosamia cynthia* (산누에나방류)

의 일반적 특성이다. 여기서 특이한 것은 활성화 작용 온도영역이 활발한 활동을 하는 시기의 온도영역 한계치보다 낮은데 이것은 중요한 일이다. 물론 곤충의 종류에 따라 휴면활성화 최적온도는 차이가 있어 *Austroicetes cruciata* 메뚜기 난의 경우에는 12~15℃(Andrewartha, 1943)이고 *Gilpinia polytoma* 잎벌 유충이 경우는 0℃(Prebble, 1941) 등 차이가 있다.

휴면활성화에 대한 최적온도가 종에 따라 차이가 있다는 것은 부적당한 조건에서 활성화되면 그것이 그 후의 발육에 영향을 미쳐 활력의 저하나 발육의 불균형 나아가서는 성충기의 번식력의 저하를 초래할 수 있겠다. 따라서 휴면기의 온도가 휴면발육에 미치는 영향을 이해하는 것은 대단히 중요하겠다. 이와 같은 사실은 지리적 분포를 달리하는 곤충류에서의 휴면기 온도요구조건의 차이에서도 알 수 있다. Danilevsky (1961)는 여러 가지 곤충류에서의 휴면활성화와 처리온도와의 관계를 그림 4-5와 같이 정리하였다.

그림에서 *Philosamia cynthia* 산누에나방은 열대지방에 분포하는 곤충으로 다른 북방 곤충류와는 달리 휴면활성화에 저온을 필요로 하지 않으며 온도가 높으면 오히려 활성율이 높아진다. 열대 아프리카의 목화해충인 *Diparopsis castanea* 밤나방도 고온에서 휴면을 하는데 이 해충의 경우는 28℃에서 활성화도가 가장 높고 이보다 높거나 낮은 온도에서는 활성도가 낮아 휴면기간이 길어진다(Lees, 1955). 이런 휴면 특성은 건조하고 더운 여름철을 겪어야 하는 곤충류에서는 특히 적응적 의미가 크다고 하겠다.

2. 곤충의 지리적 분포와 휴면

곤충류의 생활환을 보면 활동기간 중의 온도에는 열대지방이나 온대지방에서 그리 큰 차이를 볼 수 없다. 그러나 휴면기간 중의 온도에 대한 적응을 보면 지역간에 큰 차이가 있다. 이것은 위도에 따라 겨울철의 온도는 큰 차이가 있어 이에 대한 적응 때문이라고 생각할 수 있다.

곤충의 분포 북방한계가 겨울철의 최저기온의 등온선과 일치하는 것은 주지의 사실이다. *Euproctis chrysorrhoea* 독나방의 분포는 -35℃의 등온선이 북한이다. 이것은 이 곤충 유충의 치사온도와 대체로 일치한다. 구 북구 곤충류의 분포 북한은 일반적으로 그 곤충이 갖는 내동성과 전체 생활환을 끝내는데 필요한 유효적산온도의 량에 의하여 결정된다.

휴면기간 중의 내동성이 큰 조명나방(*Pyrausta nubilalis*) 같은 곤충에서는 분포북한선이 겨울철의 최저온도보다는 여름철의 유효적산온도량에 의하여 결정된다. 그런데 내동성이 약한 곤충류에서는 겨울철의 최저기온이 분포북한선을 좌우한다. 그리고 휴면기에 거의 내동성을 갖지 못한 *Philosomia cynthia* 산누에나방이나 *Chloridea obsoleta* 담배나방의 경우는 일차적으로 그들의 내동성에 의하여 분포한계가 결정된다.

이와 같이 휴면기의 저항성은 그 곤충의 생존능력을 증대시켜 기후조건이 불리한 지역으로의 분포확대에 중요한 의미를 갖고 있다. 그런데 원래 곤충의 생활환을 환경조건의 계절적 변동에 일치시키기 위하여

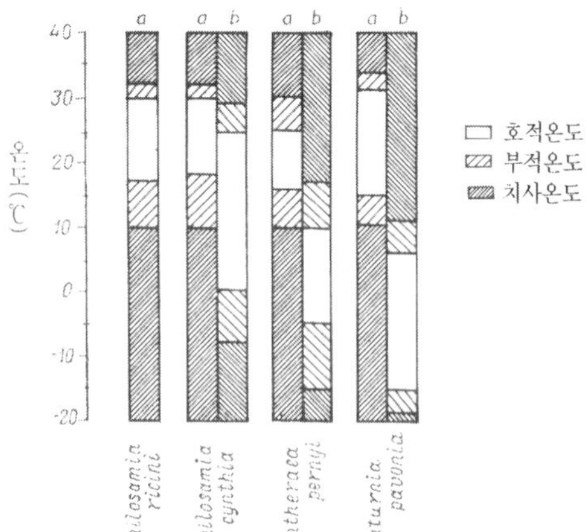

그림 4-6. 지리적 분포가 다른 4종 산누에나방의 활동기와 휴면기의 온도반응관계. (Dinilevsky, 1961)
a:활동기, b:휴면기,

발달한 생활환의 분화와 휴면기이 온도요구가 도리어 그 종의 지리적 분포에 제한적 요인으로 작용할 수도 있다. 예를 들면 미국 남부에 *Loxostege stricticalis* 명나방이 분포하지 않는 것은 겨울철이 고온이어서 전용의 활성화가 억제되기 때문일 것이라고 한다(Pepper, 1938).

이와 같이 생활환의 분화와 온도의 계절적 변동이 곤충류의 지리적 분포 특성에 영향을 미친다. 그림 4-6은 지리적 분포를 달리하는 4종 산누에나방류 생활환의 활동기와 휴면기의 온도반응관계이다.

Philosamia ricini 산누에나방은 열대 아시아에만 분포하며 가중나무산누에나방(*Philosamia cynthia*)는 주로 아시아의 열대와 아열대에 분포한다. 그리고 산누에나방(*Antheraea pernyi*)은 중국 온대에 분포하며 *Saturnia pavonia* 산누에나방은 구 북구종으로 북극권까지 분포한다. 이들 4종 중 *P. ricini*는 휴면을 않으며 다른 3종은 모두가 번데기시기에 휴면한다.

활발한 생장과 형태분화기에는 그림 4-6에서 보는 바와 같이 4종 모두에서 온도요구조건은 거의 비슷하다. 즉 이들의 정상적 활동은 15°~30℃의 범위에서 일어나며 발육 가능범위는 10~33℃로 종간 차이가 별로 없다. 그런데 휴면상태에서의 온도요구조건은 종에 따라 큰 차이가 있다. 즉 *P. ricini* 산누에나방은 휴면하지 않는 고로 전체 발육이 좁은 온도범위 내에서 일어난다. 이런 곤충은 계절적 온도변동이 적고 연중 발육이 가능한 열대와 아열대의 일부에 분포한다.

가중나무산누에나방은 고온 요구성 휴면을 하며 그의 활성화 최적 온도는 활동기의 온도요구조건과 일부 중복되어 있다. 이런 종류들은 고온이 지속되는 지역이나 온도가 다소 변동하는 지역에서도 서식이 가능하다. 이런 종류는 *Chloridea obsaleta* 담배나방이나 *Diparopsis castanea* 밤나방, 목화다래나방(*Pictinophora gossypiella*) 등 남방형 곤충류에서도 그 예를 볼 수 있다. 이들은 겨울철의 온도가 그리 낮지 않은 열대나 아열대에 분포한다. 이들의 휴면은 원래 건조하고 고온인 여름철에 대한 적응으로 발달한 것이나 내건성과 내한성의 공통된 특성 때문에 곤충류는 상당한 저온지대까지도 분포를 확대하여 구 북구의 남부에도 분포한다. *S. pavonia* 산누에나방은 저온 요구성 휴면을 하며 그의 활성화는 발육한계온도보다도 낮은 온도가 필요하다. 이 나방은 활동기와 휴면기의 요구가 명백히 분리되어 있어 온도변화가 없는 지역에는 분포할 수 없다. 이들에서는 한 세대를 끝내려면 일정한 순서에 따르는 온도조건의 변화가 필요하다. 온대지방 곤충류 대부분은 이에 속한다. 이 군에는 생활양식이나 먹이관계 그리고 분포면적의 크기 등이 다양한 곤충류가 포함된다. 그들은 다양한 기후조건을 가진 넓은 지역에 분포한다. 그러나 그들의 분포남방한계선은 비슷하여 그들의 분포지역내 온도는 명백한 계절성을 갖고 있으며 겨울철의 평균기온은 12℃ 이하이며 심한 저온이 몇 차례 있다. 이런 특성을 가진 곤충류는 생활환 전체를 완료하는데 필요한 온도 교대가 없는 열대지방에 침입한 종은 없다.

이와 같이 곤충의 계절적 적응과 분포지역의 계절적 온도변동은 밀접한 관계가 있다. 산누에나방(*Antheraea pernyi*)은 중국, 한국, 일본 등지에 분포하는데 그의 분포 북한보다 북쪽에서는 여름의 조건은 발육에 충분하나 겨울철의 온도가 휴면용의 내동한계(-18℃) 이하이며 분포 남한 이남에서는 겨울철의 온도가 휴면용에는 높아 어는 경우나 전체 생활환을 완료할 수 없다.

온대지방에 분포하는 곤충류에서는 온도의 계절적 변화가 대단히 중요하다. 구대륙 분포 곤충을 북미 대륙으로 이식하였을 때 원래의 분포역의 기후적 한계보다 남쪽으로 진출한 경우는 없다. 이와 같은 것은 북반구의 종을 남반구로 이식하였을 때도 계절은 반대가 되나 잘 적응하는데 그것은 연간 온도 격차가 원 분포지역과 비슷한 지역에 한한다. 예를 들면 코드링나방(*Cydia pomonella*)의 북반구 분포남한선과 남반구 분포북한선은 모두 겨울철(북반구는 1월, 남반구는 7월) 평균 온도가 +12~14℃의 등온선과 일치하는데 이보다 적도에 가까운 지역에서는 계절적 온도 변동이 너무 적기 때문에 순화가 불가능하다고 한다(Danilevsky, 1961).

겨울철이 지나치게 따뜻하여 분포할 수 없는 곤충류가 있다는 사실은 휴면발육단계의 활성화가 단순히 물리적으로 불가능하기 때문이 아니고 오히려 활성화에 저온이 필요하기 때문에 외부환경의 계절적 변화에 생활환을 맞추는 것 자체가 이런 지역에서는 불가능한 것이다. 이것은 조절계가 정상적으로 작동하여 계절의 진행에 타이밍을 맞추려면 발육의 재개를 억제하고 있는 온도조건이 충분히 길어야 하는데 아열대의 경계 지역에서는 겨울철 조건이 불안정하여 평균기온은 비휴면발육의 기준과 휴면발육의 기준의 중간에 있으며 동시에 온도의 상승과 동결의 위험이 되풀이 된다. 따라서 안정된 겨울에 적응한 곤충류의 생활환이 혼란을 겪에 된다.

이와 같은 기후조건의 계절적 변동과 곤충류의 생리적 적응은 생물지리학적으로 중요한 의미가 있다. 전북구와 열대구를 구분하는 경계가 겨울철의 12℃ 등온선과 최저기온 -5℃, -10℃의 지역인데 이것은 주년발육이 어려운 조건의 선과 일치하고 있다. 이 선은 내한성이 없는 열대성 곤충류의 북방으로의 침입을 막고 추운 겨울에 적응한 것들의 남방으로의 침입을 막는 생태학적 장벽이 되고 있는 것이다.

그런데 소수이기는 하나 예외인 경우도 있다. 즉 가중나무산누에나방(*P. cynthia*)이나 *Chloridea obsoleta* 담배나방, 목화다래나방(*Pectinophora gossypiella*) 등과 같은 고온 요구성 휴면을 하는 곤충류와 배추좀나방(*Plutella maculipennis*), *Agrotis segetum*이나 *A. margaritosa* 밤나방과 같이 진정한 휴면이 아니고 소위 '동면'하는 곤충류에서 그 예를 볼 수 있다. 이들은 '동면'중에 이동이 가능하여 적당한 조건을 찾아 이동할 수 있다. 배추좀나방은 생활환이 융통성이 커서 세계적인 분포를 하고 있다.

3. 온도, 일장반응의 종 특이성

곤충류의 생활환은 다양하여 종에 따라 차이가 있을 뿐 아니라 한 종에 있어서도 개체군 간에 차이가 있다. 곤충류의 생장이나 발육은 1차적으로 온도의 영향을 받으며 생활사는 주로 광주기의 조절을 받는다. 봄이 되어 온도가 상승하게 되면 발육이 시작되 가을이 되면서 일장이 짧아지면서 온도가 낮아져 임계치에 달하면 월동형이 생긴다. 지역에 따라 일장은 일정한 고로 그 지역의 일장이 임계치에 달하면 휴면하게 되는 고로 휴면임계일장(50%의 개체가 휴면하게 되는 일장)은 휴면과 관련 대단히 중요한 의미가 있겠다. 그러나 광주기에 대한 곤충류의 반응은 가소성이 커서 개체군의 유전적 특성 뿐 아니라 다른 환경조건 특히 온도의 영향을 크게 받는다. 따라서 생활환의 분석에는 여러 가지 외부환경조건과의 복잡한 관계를 이해할 필요가 있다.

여기서는 1화성 곤충과 2화성 곤충 그리고 환경조건에 따라 화성이 변하는 대표적 곤충을 예로 온도와 일장의 그들의 생활환에 미치는 영향을 중심으로 생활환의 계절적 적응을 살펴보려 한다.

1) 1화성 곤충의 생활환

숫검은밤나방(*Agrotis tokionis*)는 연 1회 발생하는 전작물의 해충으로 성충은 9월 제6반순~10월 제1반순 간에 출현하며 2~3령 유충으로 월동하여 다음 해 봄 생육하여 5월 하순경부터 7월 상순경까지 하면하고 8월 중순경부터 용화한다. 그림 4-7은 경기도 수원 지방에서 두 개의 흑광유아등을 이용한 유살수이다.

그림에서 보는 바와 같이 성충 출현의 최성기는 1979년과 1982년에는 9월 제6반순이었으며 1980년과 1981년의 그것은 10월 제1반순이었으며 이 시기의 유살수는 전체 유살수의 47~67%로 집중도가 컸다. 수원에서 1980년 4월부터 6월까지의 순별 연령구성을 보면 5월 중순 5, 6, 7령의 비율이 각각 20%, 60% 그리고 20%였으나 6월 중순에는 6령과 7령이 각각 5%와 95%로 되는 조사결과로 보아 이 해충에서의 발육 조절은 대부분이 유충기에 이루어짐을 짐작할 수 있다. 그리고 1980년 야

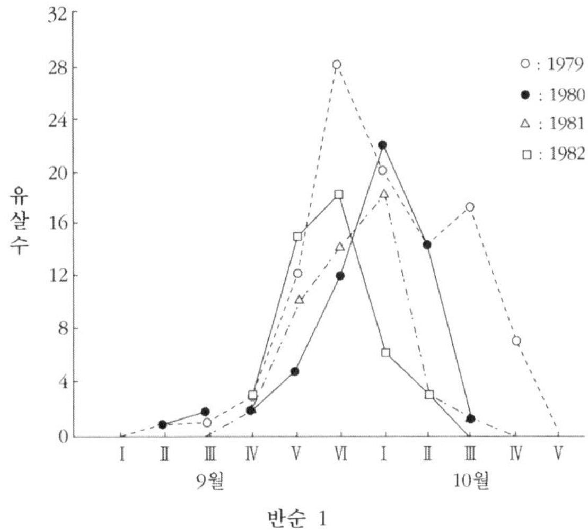

그림 4-7. 숫검은밤나방의 반순별 유살수 수. (김과 현, 1983)

외에서 채집한 유충을 실내에서 사육하면서 조사한 휴면기간을 보면 5월 26일 하면을 시작한 유충의 하면기간은 100일이었으나 7월 17일에 하면을 시작한 유충의 그것은 58일로 하면의 시작이 늦을수록 하면기간은 짧아졌다.

한편 유충의 발육기간은 고온에서 짧아져 15℃, 20℃, 25℃ 그리고 30℃에서 사육하였을 때의 유충기간은 각각 199.0일, 93.0일, 53.8일, 48.9일이었다. 그런데 이 해충의 발육단계별 발육최저온도와 각 발육단계의 유효적산온도(Total Effective Temperature, 有效積算溫度)(생물의 어떤 시기에 있어서의 생장이나 발육에 유효한 온도의 시간 적산)를 보면 표 4-4와 같다.

표 4-4. 숫검은밤나방의 발육단계별 발육최저온도와 유효적산온도.

(김과 현, 1983)

	알	1령	2령	3령	4령	5령	6령	7령	평균
최저온도(℃)	9.39	2.18	9.77	10.31	11.34	11.68	10.78	4.81	9.63
적산온도(일도)	120.77	196.85	72.46	70.67	69.44	82.57	129.03	471.70	943.40

표에서 보는 바와 같이 유효적산온도는 알과 1령기 그리고 최종 2개 유충령기에서 다른 발육단계보다 길며 발육최적온도는 대체로 10℃ 내외인데 1령충과 7령충에서 다른 발육단계에 비하여 낮다. 10월 제1반순에 우화한 성충의 산란전 기간을 생각하면 산란은 10월 중순이 되며 난기간을 감안하면 난의 부화는 10월 하순이 된다. 부화 직후의 1령충이 다른 발육단계에 비하여 특별히 낮은 발육최저기온을 갖고 있다는 것은 이 시기에도 발육을 할 수 있음을 뜻한다. 야외에서 조사한 것을 보면 11월 9일에 채집된 유충은 모두가 2령충이었다. 그런데 2령충의 발육최저온도는 9.77℃로 대단히 높아 월동 중에는 발육이 어렵겠다. 실제 야외조사결과를 보면 3령충을 볼 수 있는 것은 1월 5일 이후로 2령기가 대단히 길다. 그런데 이 때의 유충은 단순한 발육정지 상태에 있는 것으로 야외채집유충을 25℃ 16시간 조명조건으로 옮기면 5일 이내에 다음 발육단계로 발육한다. 따라서 이 시기의 유충들은 휴면상태가 아니고 저온에 의한 발육저지상태인 것이다.

한편 유충의 25℃에서 발육기간과 일장과의 관계를 보면 일장 LD:18:6, 12:12 그리고 6:1 등에서 유충기간은 각각 53.5±6.0일, 77.2±8.5일 그리고 85.1±14.2일로 장일조건에서 발육이 빠르다. 그런데 일장의 발육에 미치는 영향은 1~3령기까지와 4~7령기 간에 차이가 있어 전자에서보다 후자에서 그 영향이 크다. 일장조건의 발육단계에 미치는 영향을

표 4-5. 몇 가지 일장조합이 유충기 발육에 미치는 영향. (김과 현, 1983)

일장조건(L:D))		처리충수	유충기간		치사율(%)	
			1~3령	4~7령	1~3령	4~7령
1~3령	4~7령					
12:12	16:8	40	17.9±1.7	39.1±2.8	7.5	37.5
12:12	12:12	38	16.1±1.5	51.4±8.7	26.3	26.3
12:12	8:16	38	16.9±1.2	58.5±7.2	2.6	79.0
16:8	16:8	40	15.5±1.4	36.0±3.6	12.5	15.0
16:8	8:6	40	17.2±1.8	40.3±5.8	25.0	25.0

보면 표 4-5와 같다.

표에서 보는 바와 같이 1~3령기 유충에 대한 일장은 처리조건 간에 큰 차이가 없으나 4~7령충의 생육기간은 일장의 영향을 받아 장일조건에서 빠르고 단일조건에서 길어지고 있다. 즉 4~7령충의 발육기간은 장일조건에서는 36.0~39.1일이고 단일조건에서는 40.3~58.5일이며 중간조건에서는 51.4일이었다. 4~7령충에 대한 장일조건의 영향은 이 해충의 월동 후의 활발한 활동기의 일장조건을 감안할 때 생활환의 진행과의 관계를 짐작할 수 있겠다.

2) 2화성 곤충의 생활환

배저녁나방(*Acronycta rumicis*)의 생태에 관하여는 소련에서 많은 연구가 있었다. 소련의 Poltava 지방에서 이 해충은 1년에 2회 발생하는 2화성 해충이다. Poltava 지방에서의 이 해충의 성충 발생상황을 보면 그림 4-8과 같다.

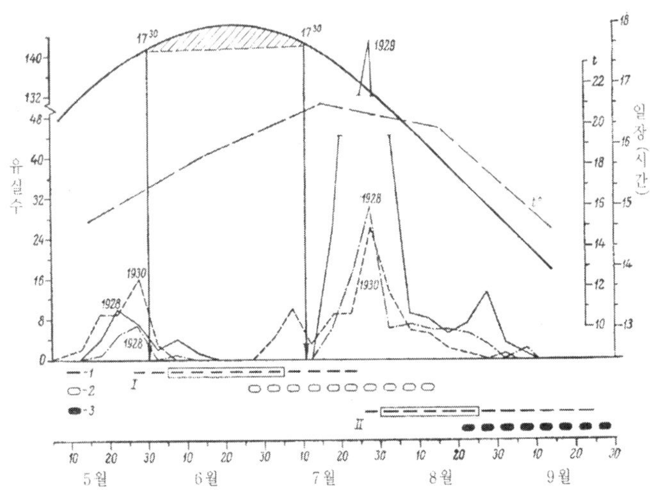

그림 4-8. Poltava 지방 배저녁나방의 성충발생상황. (Danilevsky, 19610)
사선부분은 휴면을 방해하는 일장, I, II:세대, 1:유충, 2:비휴면용, 3:휴면용

Poltava 지방에서 이 해충은 연 2회 발생하며 그 생활환은 극히 안정되어 있다. 봄나방 성충은 5월 중순에서부터 6월 중순까지 약 1개월에 걸쳐 출현하며 우화최성기는 5월 하순이다. 2회의 성충은 7월 중순부터 9월 상순까지 출현하며 우화최성기는 7월 하순이다. 제1세대의 번데기는 휴면을 않으나 제2세대의 번데기는 전부가 휴면한다. 1세대를 완료하는데 필요한 10℃ 이상의 유효적산온도는 약 550일도로 이 지역의 생육기간 중의 유효온도합계는 1150일도로 두 세대 발육에 충분하다.

번데기로 월동한 것이 5월초부터 우화하여 월동 후 제1세대 성충출현최성기는 5월 하순경이며 유충은 대부분이 6월 상순에 부화한다. 유충의 발육 유효적산온도는 약 245일도인 고로 유충기는 7월 초순까지 이어진다. 그리고 제2회 성충의 대부분은 7월 하순경 우화하는데 이때까지의 유효적산온도는 약 520일도인 고로 이런 추정은 실제 야외관찰결과와 거의 일치한다.

제2세대의 유충 대부분은 8월 상순부터 발육하는데 난기와 유충기의 유효적산온도는 315일도 정도인 고로 용화는 9월 상순이 되며 우화가 늦은 성충의 유충은 10월까지 계속되겠다. 이와 같은 발육상황은 실제 관찰결과와도 잘 일치한다.

야외에서 유충은 두 세대 모두에서 대체로 평균기온 18~20℃(제1세대는 6월, 제2세대는 8월)의 조건에서 생활한다. 그런데 휴면은 제2세대에서만 일어난다. 따라서 휴면의 유기는 온도가 원인이 아니고 일장이 원인이 되고 있음을 알 수 있다. 즉 제2세대의 유충은 17시간 30분 이상의 장일하에서 생활하게 되는데 이런 장일조건은 휴면유기를 방해하는 일장이다. 제2세대 유충의 유충기간은 8월 상순에서 9월에 걸치게 되는데 이 기간의 일장은 16시간 30분에서 점점 짧아져 12~13시간이 된다. 이것은 실내 시험에서는 모두가 휴면하는 일장조건이다. 온도가 해에 따라 변동하여 제1세대의 유충발육기간이 변하여도 유효일장이 이 범위를 벗어나는 일은 거의 없을 것인 고로 제2세대는 휴면용으로 겨울을 지나게 될 것이다.

이상의 배저녁나방의 생활환 조절양식은 장일형 다화성 곤충류의 일반적 형식이다. 그러나 온도조건에 대한 요구조건이나 광주기 반응의 임계치가 조금만 변하여도 발육과정은 크게 변화한다. 생활양식의 특성

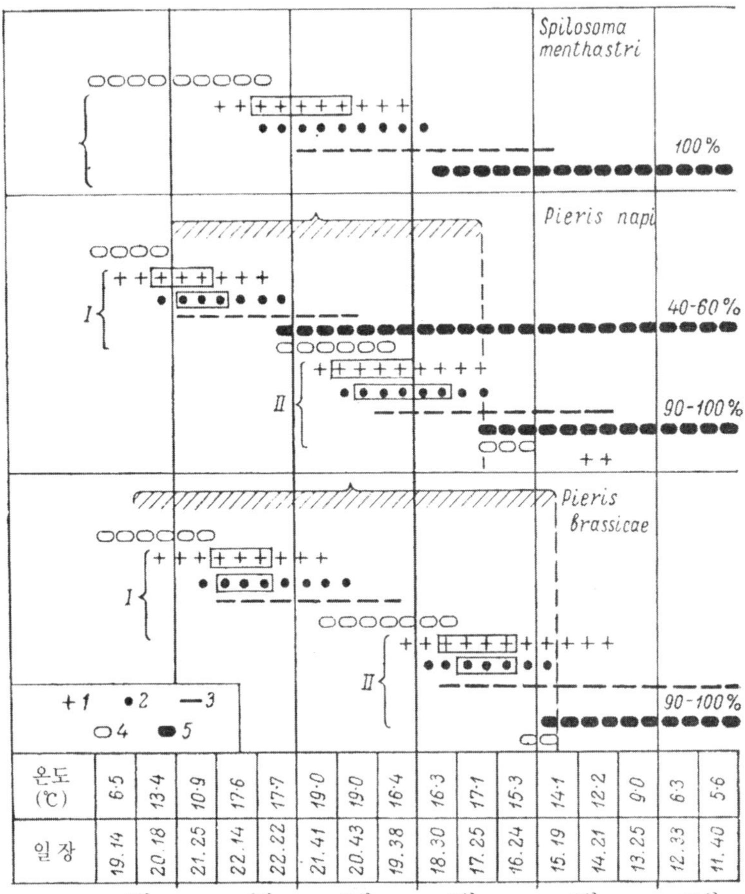

온도 (℃)	6.5	13.4	10.9	17.6	17.7	19.0	19.0	16.4	16.3	17.1	15.3	14.1	12.2	9.0	6.3	5.6
일장	19.14	20.18	21.25	22.14	22.22	21.41	20.43	19.38	18.30	17.25	16.24	15.19	14.21	13.25	12.33	11.40

5월 6월 7월 8월 9월 10월

그림 4-9. Leningrad 지방 3종 곤충류의 생활사. (Danilevsky, 1961)

I,II:세대, 사선:비휴면 발육의 기간, 1:성충, 2:알, 3:유충, 4:활성용, 5:휴면용,

+++ :성충의 최성기

이나 서식처의 미기상 조건이 생활환에 중요한 영향을 미치기 때문에 같은 지역에서도 종에 따라 생활환에 여러 가지 특성이 있는 것은 이런 이유 때문이다. Danilevsky(1961)는 Leningrad 지역의 3종 곤충류의 생활사를 그림 4-9와 같이 정리하였다.

점무늬불나방(*Spilosoma menthastri*)과 줄흰나비(*Pieris napi*) 그리고 *Pieris brassicae* 흰나비 등 3종은 비슷한 생태학적 특성을 갖는 잠재적으로 다화성 곤충류로 모두가 번데기로 휴면 월동하는 종이다. 광주반응에 종 특이성을 갖고 있으나 모두가 감응기는 유충기이며 장일성이다.

Leningrad 지방에서 점무늬불나방은 연1회 발생하며 줄흰나비는 연2회 발생하나 제1세대에서도 상당한 개체가 휴면하여 부분적으로 2세대를 경과한다. *Pieris brassicae* 흰나비도 연2세대를 경과하나 제1세대 번데기는 모두가 휴면하지 않고 다음 세대로 발육하게 되며 휴면하는 것은 제2세대의 번데기뿐이다. 그림 4-9는 1954~1955년 세대의 생활환의 모식도이다.

곤충류의 발육최저온도와 유효적산온도는 곤충의 종류에 따라 차이가 있다. 표 4-6은 3종 곤충류의 발육최저온도와 유효적산온도이다. *P. menthastri* 불나방은 유효적산온도가 570일도로 다른 두 종에 비하여 약 $\frac{1}{3}$정도 많다. Leningrad 지방에서 발육최저온도인 10℃ 이상의 유효적산온도는 약 600일도 정도인 고로 이 곤충은 온도량의 제한을 받아 1세대 이상을 경과할 수 없음을 알 수 있다.

표 4-6. 3종 곤충의 발육최저온도와 유효적산온도. (Danilevsky, 1961)

종	발육최저온도(℃)	유효적산온도 (일도)				
		알	유충	번데기	성충성숙	계
Spilosoma menthastri	10	85	285	200	-	570
Pieris brassicae	10	50	200	125	50	425
Pieris napi	8	60	200	115	50	425

P. menthastri 불나방 Leningrad 지방계통은 광주반응이 남방계통에 비하면 약하여 23℃ 정도의 고온에서는 18시간 이상의 일장조건에서는 상당한 개체가 휴면하지 않고 발육하나 이보다 저온에서는 일장반응은 해소되어 18℃에서는 광주기와 관계없이 모든 개체가 휴면한다. 이와 같이 저온에 의한 광주기반응의 억제는 이 곤충이 Leningrad와 같은 북부지역의 환경에서 생존하는데 중요한 의의를 갖는다. 즉 이 지역에서는 이 곤충의 유충발육기간 중에는 일장이 박명기를 더하면 18시간 이상이 되는데 평균기온이 낮아 장일효과는 나타나지 않는 것이다.

한편 *Pieris napi* 흰나비는 발육최저온도가 8℃로 다른 두 종에 비하여 낮으며 그의 발육유효적산온도는 425일도로 *P. menthastri* 불나방보다 적은데 Leningrad 지방에서의 8℃ 이상의 온도 적산치는 야외에서 865일도인데 실제 이 나비의 서식지에서는 1000일도인 고로 이 곤충이 두 세대를 경과하는데 충분한 온량이다. 그런데 이 곤충의 경우 제1세대의 번데기 중 우화하는 것은 약 50% 정도이고 40~60% 정도가 휴면하며 이들은 정상적으로 월동한다. 이 나비에서의 1세대 휴면은 그림 4-10에서의 이 곤충의 광주기반응특성을 보면 이해할 수 있을 듯하다.

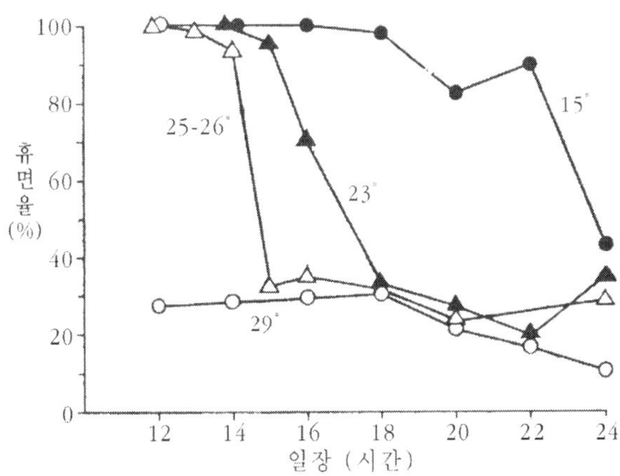

그림 4-10. Leningrad 계통의 *Pieris napi* 흰나비의 유충발육에 미치는 온도와 일장의 영향. (Danilevsky, 1961)

그림에서 보는 바와 같이 29℃와 같은 고온에서는 일장의 영향을 거의 받지 않으나 어떤 일장조건하에서도 30% 내외는 휴면한다. 그리고 15℃ 온도조건에서는 24시간 일장조건을 제외하면 일장조건과 관계없이 거의 모든 유충이 휴면하며 그 중간의 온도조건에서는 임계일장은 온도에 따라 약간의 차이는 있으나 16시간 내외이다.

이와 같은 실험 자료를 바탕으로 그림 4-9의 이 해충의 생활환을 검토해 보면 이 해충의 생활환을 이해할 수 있을 듯하다. 즉 이 지역에서 *P. napi* 흰나비 유충의 발육기간은 5월 하순~7월 중순이며 성충 우화 최성기는 6월 중순~7월 상순이다. 이 시기는 이 지역에서는 '백야'기로 사실상 연속조명의 시기이며 온도는 15~18℃ 정도이다. 이런 조건은 50% 정도의 용이 휴면하게 되겠는데(그림 4-10) 이것은 실제로 40~60%의 휴면율(그림 4-9)과 일치한다.

제2세대 유충의 발육기간은 7월 하순에서 9월까지 이어지나 대부분은 일장 19시간 평균온도 18℃ 이하인 8월 중의 조건하에서 발육한다. 따라서 광주기 반응(그림 4-10)으로 보아 대부분의 번데기는 휴면하겠다. 그러나 7월말~8월 상순에 유충기를 경과한 것은 17~20시간의 일장을 겪어 빠른 것은 비휴면용으로 발육하여 3회째의 성충을 낳기도 할 수 있겠다. 실제로 그림 4-9에서와 같이 10% 정도는 비휴면용이 생기고 있으며 9월 중순에 제3회로 추정되는 성충의 출현이 알려지고 있다(Kaisila, 1954).

P. napi 흰나비의 생활환에서 제1세대에 휴면용이 40~60%가 생긴다는 것에 대한 적응적 의미는 확실치 않다. 아마도 2세대를 완료하는데 부족한 추위가 일찍 다가올 때의 개체군 유지에 도움이 될 수 있겠다.

Pieris brassicae 흰나비의 경우는 앞서의 줄흰나비와 유효적산온도는 425일도로 같으나 발육한계온도가 10℃로 줄흰나비보다 높다. Leningrad에서의 순 평균기온을 기준으로 계산하였을 때의 10℃ 이상의 적산온도는 600일도 정도여서 이 지역은 이 나비의 2세대 경과는 불가능하다.

그러나 그림 4-9에서 보는 바와 같이 Leningrad 지방에서는 제2세대가 발생하여 번데기로 휴면월동을 하고 있다.

Maslennikova(1959)는 이 문제에 관하여 발육기간의 산정문제를 검토하였고 1세대 발육기간은 알부터 성충우화까지 353~390일도의 유효적산온도가 필요하였다. 실내실험 결과는 375일도라고 하고 미기상과측치와 야외관찰결과에 의하여 이런 오차의 원인을 다음과 같이 설명하였다.

① 봄에는 밤 기온이 발육한계온도 이하로 떨어져 일평균, 순 평균기온은 유효온도가 과소평가된다. 낮의 고온과 단기간의 온도 상승시 월동용은 발육을 할 수 있으나 이것이 산정되지 못한다. 번데기의 발육에는 100일도 이상의 유효온도가 필요한대 평균기온이 발육한계온도에 가까운 5월에도 성충의 우화를 볼 수 있어 이런 문제가 중요함을 말해주고 있다.

② 이 흰나비가 발육하는 지표상 25cm의 여름철 일평균기온은 기상관측용 백엽상내의 온도보다 0.5~1.0℃ 높아 이것은 70~80일도의 추가를 필요로 한다.

③ 가을철도 봄철과 마찬가지로 평균온도를 기준으로 할 때는 유충의 발육유효온도가 낮게 평가된다.

이와 같은 것을 감안한다면 유효 온도량은 2세대를 충분히 경과할 수 있는 온도량이 된다. 그러나 보통 예년에는 온도량이 부족하여 야외관찰에서 보는 바와 같이 8월 중순이전에 산란된 것에서 부화한 1부 유충만이 용화할 수 있고 늦게 부화한 유충은 발육을 끝내지 못하고 죽게 되며 저온인 해에는 제2세대의 대부분이 죽어 버리겠다.

한편 제1세대는 장일조건하에서 발육하여 결코 휴면하지 않는다. 제2세대의 유충은 대개 9월 상순부터 용화하나 따뜻한 해에는 8월말에서부터 용화한다. 야외에서 8월 20일까지 발육하여 18시간 이상의 일장조건에서 자란 유충은 비휴면용이 되나 그 이후에는 휴면율이 급격히 증가하여 임계치 15시간보다는 긴 일장조건에서 발육하여도 9월 상순이후에 용화한 것은 모두가 휴면하였다. 이와 같이 야외에서는 실내실험결과에 의하여 예측한 시기보다 휴면개시가 빨라진다. 이것은 적응적 의미는 확실치 않으나 제2세대 세대의 발육이 빠를 때는 월동능력이 있는 번데기의 수가 감소하는 것은 확실하다.

Kozhanchikov(1936)는 이 흰나비의 분포 북한이 1월의 온도가 -16℃~-20℃의 등온선과 일치한다고 하였고 Danilevsky(1961)는 번데기의 냉각한계가 -22.5℃로 -24℃에서는 모두가 죽었다고 하여 이 나비가 내냉성이 비교적 약하다고 하고 Leningrad 지방에서는 겨울철 이와 같은 심한 저온이 매년 내습하여 눈 위에서 월동하는 번데기는 죽어 버릴 가능성이 있다고 하였다.

Leningrad 지방에서 *P. brassicae* 흰나비의 개체수는 해에 따라 변동이 심한데 이것은 이 나비의 생활환이 이 지역의 기후조건에 충분히 적응하지 못한 것이기 때문으로 이것은 지역 기후조건에 잘 적응한 생활환을 갖고 있어 개체수가 안정되어 있는 줄흰나비와는 대조가 되겠다.

3) 고자리파리의 생활환

고자리파리(*Delia antiqua*)는 아시아, 유럽, 북미 등 북반구에 광범위하게 분포하여 마늘을 비롯한 *Allium*속 작물의 인경을 가해하는 중요한 해충이다. 이 해충의 연간 발생횟수와 발생시기는 지역에 따라 차이가 있어 영국의 Wye 지방에서는 1년에 1세대가 발생하고 부분적으로 2세대가 발생하나 대부분의 분포지역에서는 2~3세대가 발생하여 휴면상태의 번데기로 월동한다. 그리고 봄부터 가을까지의 발생횟수는 여름철의 번데기 휴면으로 조절된다.

진주지방에서 이 해충은 연 3회 발생하며 우화최성기는 월동세대가 4월 중순, 제2회 성충은 6월 상순 그리고 가을철의 제3회 성충은 9월 하순~10월 상순이다. 월동 후 제1회 성충과 제2회 성충은 발생시기가 중복되나 가을철의 제3회 성충의 우화기간은 제2회 성충의 그것과 명백히

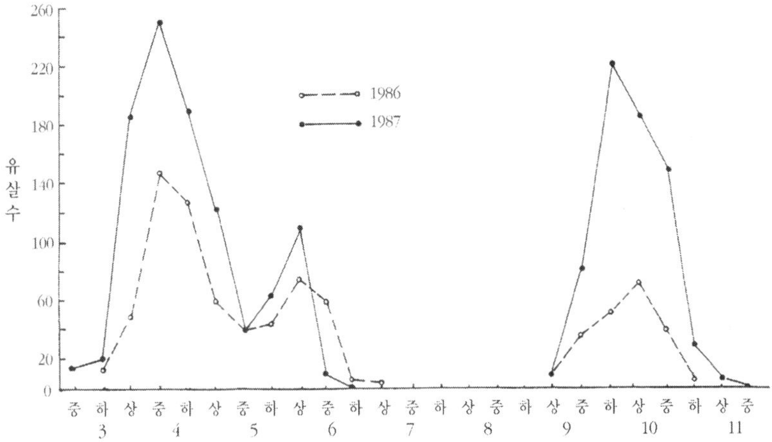

그림 4-11. 진주지방 고자리파리 성충발생상황. (박과 현, 1989)

구분된다. 그리고 제2회 성충발생량은 제1회나 제3회에 비하여 적다.

월동 후 제1세대 유충은 용화 후 휴면하는 것과 휴면하지 않고 발육하는 것이 있다. 망실에서 사육하여 얻은 번데기의 용화시기별 우화상황을 조사하여 표 4-7과 같은 결과를 얻었다.

표 4-7. 제1세대 용의 용화시기별 용기간(일). (박과 현, 1989)

용화시기	용 기 간			사망률(%)
	조사용 수	짧은 것	긴 것	
5월 상	130	17.1	145.0 (38.8)※	5.3
중	120	12.7	124.2 (50.0)	10.9
하	140	12.6	116.6 (92.1)	17.3
6월 상	200	-	109.8 (100.0)	25.5
중	74	-	100.6 (100.0)	-
하	30	-	88.5 (100.0)	30.0

※ 괄호안의 수치는 용화기간이 긴 개체의 비율

표에서 보는 바와 같이 제1세대 번데기에는 휴면하는 것과 휴면하지 않는 것이 있어 비휴면용의 용기간은 12~17일 정도로 짧으나 휴면용의 그것은 88~145일로 대단히 길며 야외에서의 휴면용율은 5월 상순에는 39% 정도이고 중순에는 50%이나 하순에는 급격히 증가하여 92%로 되고 그 이후에는 모든 번데기가 휴면한다. 이런 결과로 보아 그림 4-11의 제2회 성충은 제1세대 번데기 중 비휴면 개체로부터 우화한 것이며 제3회 성충은 제1세대 휴면용과 제2세대 휴면용에서 우화한 진정한 3세대와 제1세대 휴면용에서 우화한 제2회 성충이 혼합된 것임을 알 수 있다.

한편 제1세대 유충의 휴면에 미치는 온도와 일장의 영향을 보면 20°C 에서는 일장과 관계없이 95% 이상의 휴면율을 보이며 15℃에서는 일장조건에 따라 70~92%의 휴면율을 보였다. 그런데 15℃에서 1~2령기와 3령기에 광주기 조건을 달리하였을 때의 휴면율을 보면 광주기의 영향을 짐작할 수 있다(표 4-8).

표 4-8. 제1세대 유충 두 개 발육단계에 처리한 광주기가 휴면율에 미치는 영향.

(박과 현, 1989)

일장처리(L:D)		조사충수	휴면율(%)※※
I~II	III※		
10 : 14	14 : 10	61	93.7a※※※
14 : 10	10 : 14	79	86.4b

I~III:처리령기, ※※:용기간이 53일 이상인 것, ※※※:Duman 검정결과

표에서 보는 바와 같이 1, 2령충을 LD:10:14, III령충을 LD:14:10으로 처리하였을 때의 휴면유기율이 93.7%로 일장을 반대로 하였을 때의 휴면율 86.4%보다 명백히 높다. 이것은 제1세대의 유충기가 4월~5월임을 감안할 때 유충기 초기는 단일조건, 후기는 장일조건으로 지나게 되는 자연 상태의 일장조건변화와 유사하다.

월동세대는 개체에 따라 10월 하순부터 12월 하순까지 약 2개월에 걸쳐 용화하고 휴면상태의 번데기로 월동한다. 야외에서 휴면종료시기를 조사한 바 12월 30일에 48% 그리고 1월 20일에는 모든 개체가 휴면이 끝났다. 그런데 이들의 우화시기는 용화시기와는 관계없이 집중된다.,

예를 들면 1984년 가을세대의 용화 시기는 10월 30일부터 12월 24일까지로 약 2개월에 걸쳐 있었으나 그들의 초우화일은 다음해 3월 26일부터 4월 1일 사이였으며 50% 우화일은 3월 30일부터 4월 10일 사이로 10일간의 차이밖에 없어 그들은 휴면기간 중에 전체적으로 발육을 제일화 하였음을 알 수 있다. 야외에서 번데기를 채집하여 시기별로 25℃에 보존하여 휴면종료율을 조사하여 보면 용화시기가 10월 30일인 개체들과 12월 14~21일에 용화한 개체들을 대상으로 비교해 보면 12월 21일에는 70%와 9.5%로 큰 차이가 있었으나 1월 6일에는 90%와 40%로 차이가 줄었고 1월 20일에는 모두가 100% 휴면이 종료하였음을 알 수 있었다. 이것은 휴면의 일반적 적응기능 중 하나인 생활환의 제일화를 보여주는 것이라고 하겠다.

이상에서 본 바와 같이 고자리파리 제1세대의 일부와 제2세대의 거의 모든 번데기는 하면을 하고 월동세대의 번데기는 모두가 휴면한다. Miles(1955)는 이 곤충의 동면용과 비동면용을 따로 사육하여 다음 세대에서의 휴면율을 조사하여 두 계통 간에 차이가 없어 연중 세대 수 또는 휴면여부는 선천적인 것이라기보다는 외적환경조건에 대한 반응이라고 하였다. 이 곤충은 광주기의 영향을 받기는 하나 유충기와 용기의 온도조건이 보다 중요한 의미가 있으며 그의 발육단계가 접하게 되는 온도와는 미묘한 관계를 갖고 있는 것으로 생각된다.

일반적으로 하면은 고온에 대한 적응현상이며 동면은 저온에 대한 적응현상으로 하면 발육이 고온으로 촉진되는 반면 동면발육은 저온으로 촉진되는데 이 곤충의 하면과 동면은 이런 일반적 특성을 잘 나타내고 있다. 그림 4-2와 4-3에서 보는 바와 같이 유충기의 온도가 15℃일 때 즉 유충이 어린 시기를 낮은 온도에서 지내면 휴면율이 낮아 하면 전에 한 세대를 경과할 수 있다. 그러나 후기 유충은 비교적 높은 온도에서 지나게 되어 하절을 휴면상태로 자나 가을에 우화하게 된다. 그런데 월동 세대 유충은 9월 하순 이후의 비교적 낮은 온도하에서 발육하게 되며 특히 이들의 용화시기인 10월 하순 이후 이들이 생활하는 지중온도는 대체로 15℃ 이하인데 유충기와 용기를 15℃에서 경과하면 휴면율이 87.9%로 극히 높다. 이러한 결과로 보아 하면과 동면은 이 곤충의 생활환과 관련 중요한 적응현상이라고 하겠다. 특히 이 곤충의 먹이가 되는 작물들의 상태를 생각할 때 중요하다고 하겠다.

4) 곤충생활환의 변동

곤충의 생활환은 한 지역 내에서도 일정한 것이 아니고 생육기간 중의 기후조건 특히 온도에 따라 변동한다. 이것은 해에 따라 발육기가 빨라지기도 하고 늦어지기도 하여 휴면유기도 그에 따라 변동하기 때문으로 다화성 곤충에서는 세대수가 변할 수도 있기 때문이다. 이것은 자연 상태에서는 광주기는 변하지 않아도 생활환이 변할 수 있을 가능성을 시사하는 것이다. 그러나 세대수의 변동이 주로 일장반응에 의하여 결정된다는 것은 확실한 것으로 온도의 직접적 영향은 아니다.

기후조건에 의하여 세대수가 변동하게 되는 것은 ① 온도의 영향으로 발육이 빨라지거나 늦어지면서 감응기의 일장이 변화하거나 ② 광주반응의 임계치가 환경조건의 온도나 그 밖의 조건의 영향을 받아 변화하기 때문이다. 물론 이것은 자연 상태에서는 동시에 작용하게 될 것이다.

온도조건에 따라 생활환이 변하는 예를 Azerbaijan 지역의 포도해충 *Polychrosis botrana* 잎말이나방의 생활환에 관한 Komarova(1954)의 연구결과를 보면 다음과 같다. 이 해충은 연 3회 발생하며 월동 제1세대에서는 휴면을 볼 수 없으나 제3세대의 번데기는 모두가 휴면하다. 그리고 제2세대의 유충기는 7~8월인데 이 세대 번데기의 휴면율은 지역이나 해에 따라 큰 차이가 있다고 한다. 예를 들면 Kirovabad 지방에서는 제2세대에는 휴면개체가 전혀 없으나 그곳에서 8km 밖에 떨어져 있지 않은 산복의 Khanlar에서의 제2세대는 대부분이 휴면하는 것이 보통이라고 한다. 이와 같은 제2세대의 휴면특성 때문에 전기 지역에서는 제3

세대에 의한 피해가 큰데 반하여 Khanlar 지방에서는 제3세대 피해가 문제가 안 된다고 한다.

Komarova는 1947년과 1948년의 Kirovabad와 Khanlar 지역 개체군 제2세대의 휴면율을 조사하여 1947년 Kirovabad 지역에서는 산란이 임계일장 이전인 7월 20일 이전에 대부분이 이루어져 휴면용은 1.8%에 불과하였으나 Khanlar 지방에서는 기온이 낮아 발육이 늦어 산란은 주로 7월 20일 이후에 일어나 76%의 번데기가 휴면하였다고 한다. 1948년 여름은 고온이어서 이 해충의 생육이 빨라 휴면용율은 Kirovabad에서는 0%였고 Khanlar 지역 개체군에서도 39.9%로 낮았다고 한다. 이것은 온도의 변화가 직접 휴면생리에 작용한 것이 아니고 온도의 변화가 발육에 영향을 미쳐 일장반응 생육단계가 받게 되는 일장조건을 달리하게 됨으로 생긴 결과라고 하겠다. 물론 온도의 영향은 발육기간에의 영향을 통한 간접적인 것 뿐 아니라 광주반응에 직접적인 영향을 미치는 경우도 흔히 있다. 그 예를 Poland의 콜로라도잎벌레(*Leptinotarsa decemlineata*)에서 볼 수 있다. 그림 4-12는 Poland의 Poznan 지방에서의 1953년과 1954년 세대 이 해충의 생활사와 여름철 온도와의 관계이다(Wegorek 1957, 1959).

Poland에서 콜로라도잎벌레(*Leptinotarsa decemlineata*)는 연 1세대를 경과한다. 이 해충의 성충은 수명이 길어 1년 이상 생존 할 수 있는 고로 월동성충은 전세대의 것과 당년 세대의 것이 혼합되어 있다. 그러나 산란을 끝낸 전 세대 성충의 일부는 월동 중에 사망한다. 따라서 다음해 봄의 성충들의 세대비율은 발생량 예측에 중요한 의미가 있겠다.

이 곤충의 발육한계온도(11.5℃) 이상의 온도 총량은 두 년도에서 각각 786일도와 752일도로 큰 차이가 없으며 이 해충의 1세대는 약 360일도를 요하는 고로 양년도 모두가 두 세대를 경과하는데 필요한 온도량은 충분한 것으로 생각된다.

Goryshin(1958)에 따르면 단일은 직접 성충기에 영향을 미칠 뿐 아니

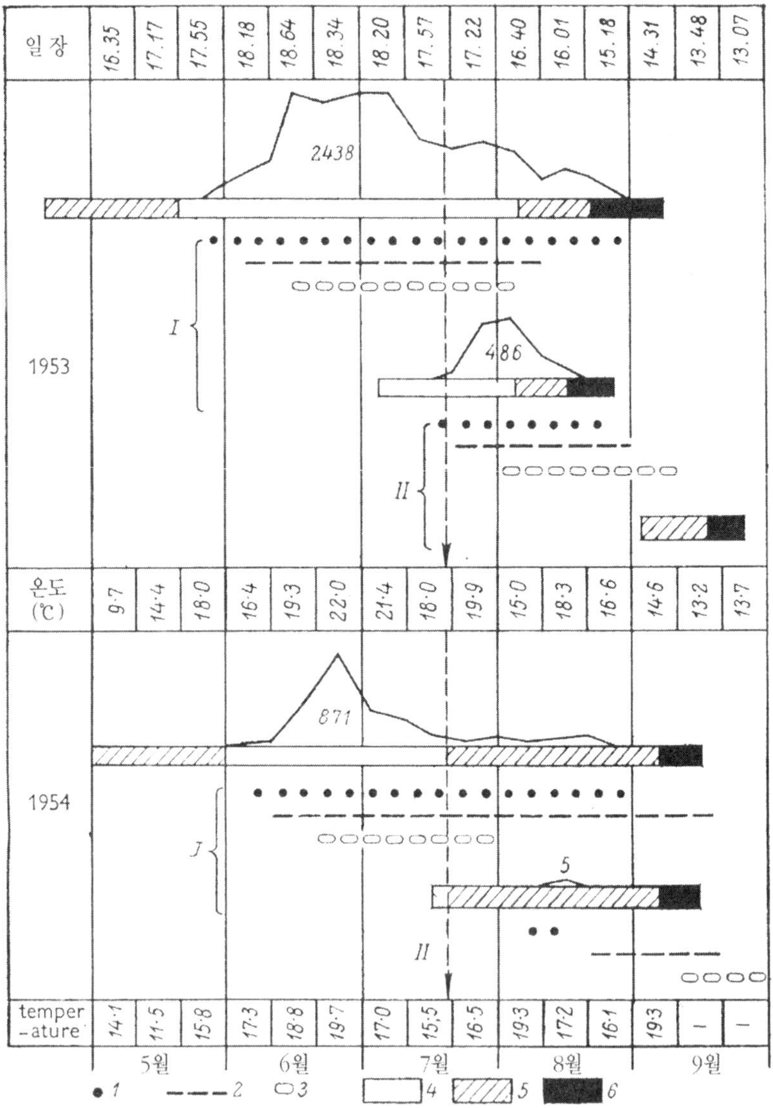

그림 4-12. Poland의 Poznan 지역에서의 *Leptinotarsa decemlineata* 잎벌레의 생활사와 여름철 온도조건과의 관계 (Wegorek, 1957, 1959)

화살표:임계일장, I ,II:세대, 곡선:산란수, 곡선내 수치는 암컷 한 마리당 산란수, 1:알, 2:유충, 3:번데기, 4:생식성충, 5:휴면성충, 6:땅속에서 월동하는 성충

라 유충기에도 영향을 미쳐 발육한 성충이 휴면을 일으킨다. 임계일장은 온도의 영향을 받으며 숙주인 감자의 영향도 받는다. 30℃에서의 임계일장은 14시간 30분이나 18℃에서는 18시간으로 길어지며 20℃에서의 그것은 약 17시간 30분 정도이다. 일장이 증가하면 성충의 성숙이 촉진되어 산란수가 증가한다.

1953년과 1954년의 생육기간 중의 유효적산온도는 거의 비슷하나 1953년의 6~7월은 1954년에 비하여 상당히 높아 20℃ 정도였는데 비하여 1954년의 7월은 기온이 16.3℃로 상당히 낮았는데 이와 같은 차이가 이 곤충의 발육에 직접, 간접으로 영향을 미쳤던 것이다.

월동성충의 성적성숙과 산란개시는 15℃ 이상의 온도조건에서 관찰되는데 이것은 5월 하순 이후의 일로 일장이 17시간 이상이 된 시기이다. 산란최성기는 18시간 이상의 일장시기와 일치한다. 7월이 되어 일장이 임계치 부근까지 단축되면 곧 산란활동이 저하되어 8월이 되면서 일장이 17시간 이하가 되면 성충의 대부분은 산란을 정지하고 월동태세를 갖춘다. 장일조건하에서는 산란활동이 촉진되나 임계일장이하의 일장조건에서는 온도가 상당히 높아도 성충의 산란활동은 회복되지 않는다.

여름세대의 성충의 휴면과 임성에 대한 온도의 간접적 영향은 크다. 1953년에는 고온으로 유충과 번데기의 발육이 촉진되어 여름철 제1세대의 성충은 일장이 18시간 이상 정도인 7월 상순에 출현하였다. 이에 따라 초기에 우화한 성충은 거의가 비휴면 상태로 곧 산란을 시작하였다. 그리고 그 임성은 커서 암컷의 평균 산란수는 486개 최고 997개에 달하였다. 그러나 8월에 들어서면서 산란활동은 급격히 약화되고 월동한 성충이 다시 휴면할 시기가 될 무렵에는 활동을 정지하였다. 제2세대의 성충은 9월에 우화하게 되어 짧은 일장조건을 겪게 된다.

1954년에는 7월의 기온이 낮아 제1세대 성충은 전년도 보다 약 2주일 늦게 7월 16일 이후에 우화하였음으로 임계일장하에 놓이게 되었다. 비교적 빨리 우화한 암컷도 성적으로 성숙한 것은 16% 이하였으며 8월의 기온이 높았으나(19.3℃) 산란수는 적었다(평균 5.6). 결국 이 곤충의 여름 세대 성충은 일반적으로 일장이 17시간 30분 이상의 7월 전반기에 우화한 것만이 그 해에 산란활동을 하게 되고 8월 이후 17시간 이하의 일장조건에서 우화한 개체들은 성숙하지 못한 상태로 휴면하게 된다. 그 중간기에는 비휴면 개체의 비율은 온도나 감자의 상태에 다소간의 영향을 받는다. 따라서 이 곤충은 Poland의 북부지방에서는 여름철의 저온 때문에 제1세대의 성충은 7월 하순부터 8월 상순에 걸쳐 우화하여 연내에는 산란하지 못하는 것이 일반적이다.

이상의 예에서 알 수 있듯이 온도에 의한 광주반응의 변동은 그 후의 개체군 밀도의 감소를 초래한다. 따뜻한 해에는 세대수가 증가하나 증가한 세대는 원칙적으로 월동성공율과 이어지지 않는 것이 보통이어서 다음 해의 개체수 증가로는 이어지지 않는 수가 많다. 따라서 온도에 의한 임계일장의 변화는 그 지역 온도조건의 변동에 대한 적응으로 보기는 어렵다.

4. 생활환의 지리적 변이

넓은 지역에 분포하는 곤충류에 있어서는 그들의 연간 발생횟수 즉 화성에 차이가 있을 뿐 아니라 월동 후의 여러 가지 활동상황에도 차이가 있다. 이와 같은 차이는 일차적으로는 유전적 특성에 의한 것이라고 할 수 있겠으나 종에 따르는 환경조건에 대한 표현형적 특성 즉 종의 표현형적 가소성의 차이도 중요하다. 일반적으로 한 종에 있어서도 남부계통 개체군은 임계광주기가 북방계의 그것에 비하여 짧은 것이 보통이어서 다화성 경향이 강하며 극단적인 경우는 비휴면성 생활환을 갖기도 한다. 이와 같은 특성이 개체군의 지리적 분포와 관계가 있는 수도 있어 러시아에서 조사된 것을 보면 배저녁나방(*Acronycta rumicis*)의 경우 그의 휴면유기 임계일장은 남부 개체군에서는 14시간 30분인데 반하여 북부 개체군의 그것은 19시간으로 위도 5°가 증가함에 따라 휴면유기 임계일장은 1시간 30분 정도가 증가하고(Danilevsky, 1965), 도둑나방(*Mamestra brassicae*)의 경우는 위도 5° 증가마다 약 1시간이 증가한다고 한다(Danilevsky, 1965). 모기류의 경우 유충으로 휴면하는 *Aedes sierrensis* 숲모기의 경우는 1시간/5°(Jordan과 Bradshaw, 1978), 난휴면하는 *Aedes triseriatus* 숲모기의 경우 1.2시간/5°(Shroyer와 Craig, 1983) 그리고 유충으로 휴면하는 *Wyeomyia smithii* 모기의 경우 1시간/5° 등 종에 따라 차이는 있으나 그의 경향은 비슷하다. 물론 이와 같은 경향은 곤충의 종류에 따라 차이가 있어 러시아에서의 *Pieris brassicae* 흰나비(Danilevsky, 1965)나 미국의 *Toxorhynchites rutilis septentionalis* 모기(Trimble과 Smith, 1979)의 경우와 같이 넓은 분포지역에 걸쳐 별로 변동이 없는 경우도 있다. 그리고 한 지역내에서도 *Diprionpini pini* 솔잎벌과 같이 고도에 따라서도 반응이 달라지는 경우도 있다. 그리고 북미에서의 어리줄풀잠자리(*Chrysopa carnea*)의 전용휴면은 지역조건(주로 먹이 부족)이 광주기 반응에 큰 영향을 미치는 것으로 알려져 있다(Tauber와 Tauber, 1982). 이와 같이 곤충류 생활환의 지리적 변이는 복잡하다. 그러나 이것은 위도, 고도, 지역적 특성 그리고 종이 갖는 유전적 특성 등이 엉킨 상호작용관계의 결과이다.

종내 연속적 변이를 가진 계절적 특성은 두 개 군으로 나눌 수 있겠다. 즉 첫째는 휴면의 양적측면과 관계가 있는 것으로 ① 임계광주의 길이 ② 휴면기간 ③ 휴면유기 감응기간 ④ 휴면발육에 미치는 온도의 영향 ⑤ 몸의 크기 ⑥ 전휴면 발육 ⑦ 휴면 후 발육 등이 이에 포함되며 정상적 발육에 미치는 온도의 영향도 지역적으로 차이가 있다. 둘째로는 양적특성과는 달리 계절적 특성의 지리적 변이 중에는 단절적인 질적 변이가 있다. 곤충류 중에는 활동시기가 끝날 때 비휴면 개체 비율이 지리적 개체군에 따라 차이가 있다. 또 휴면유기 감응발육 단계나 휴면 종료시기가 지역적 개체군에 따라 차이가 있기도 하다. 그리고 휴면율에도 지역개체군간 차이가 있다. 칠성무당벌레(*Coccinella septempunctata*)

는 유럽에서는 단일조건에 의하여 휴면이 유도되는데 중부 일본에서는 장일조건에 의하여 하면한다(Okuda와 Hodek, 1983). 북미의 어리줄풀잠자리의 휴면은 먹이와 광주기의 영향을 받아 하면하는데 그의 휴면율은 지역개체군에 따라 차이가 있다. 즉 건조하기 쉬운 지역에서는 먹이조건이 불안정하여 수리조건이 잘 되어 있어 먹이가 풍부한 지역의 개체군에 비하여 하면율이 높다(Tauber와 Tauber, 1982). 이와 같은 변이는 계절적 생활환에 포함되어 있는 다형성의 지리적 변이의 내용을 이루고 있는데 이런 지리적 변이는 그 지역의 환경조건에 적응되어 있다.

화성이나 휴면이 관련된 여러 가지 특성의 차이가 지역개체군에 따라 차이가 있다는 것은 그들의 지역적 환경특성에 대한 적응현상으로 그들의 생존에 중요한 의미가 있다. 그런데 짚시나방(*Porthetria = Lymantria dispar*)(Goldschmit, 1934), 왕귀뚜라미(*Teleogryllus emma*)(Masaki, 1967) 그리고 *Diabrotica virgifera zea* 잎벌레(Krysan, 1982) 등은 그들이 분포지역이 대단히 넓으나 안정된 1화성 생활사를 유지하고 있다. 이들은 온도나 광주기와 같은 환경조건이 다양한 지역에 분포하나 유전적 특성과 생리 생태적 특성 때문에 넓은 분포지역 내에서도 1화성을 유지한다. 예를 들면 왕귀뚜라미는 일본 전토에 분포하며 휴면상태의

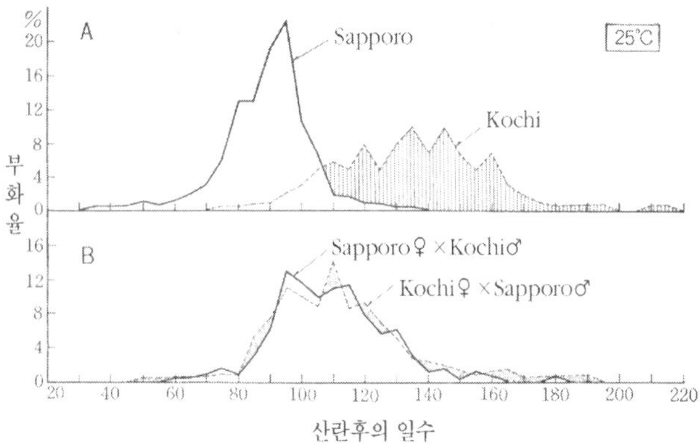

그림 4-13. 남과 북의 왕귀뚜라미의 휴면기간. (Masaki, 1974)

알로 월동하는데 알의 휴면기간은 그림 4-13에서와 같이 남부 개체군과 북부 개체군에서 큰 차이가 있다.

그림은 산란 직후의 알을 25℃에 보존하였을 때의 부화상황이다. Sapporo 개체군은 약 1개월 후부터 부화를 시작하여 80일 후에는 약 50%가 부화하였는데 남부 Kochi 개체군은 이때 겨우 부화하기 시작하여 Sapporo 개체군 알이 모두 부화한 130일 후 경에 약 50%가 부화하였다. 그리고 Kochi 개체군의 마지막 알이 부화한 것은 220일이었다고 한다. 그런데 두 지역개체군의 알을 냉장고에 3개월 정도 저장하였다가 25℃로 옮기면 두 개체군 알 모두는 거의 동시에 부화하였다. 이것은 Kochi 개체군의 알 휴면이 Sapporo 개체군의 알에 비하여 휴면심도가 깊다는 것을 뜻하는 것으로 두 개체군 간에는 휴면기간에 차이가 있는 것이 확실하다. 그리고 그림 B에서 보는 바와 같이 두 지역개체군간 잡종은 두 개체군 특성의 중간적 특성을 보이고 있다.

한편 두 지역개체군을 실내에서 사육하였을 때 그들의 유충기간에도 차이가 있었다(그림 4-14).

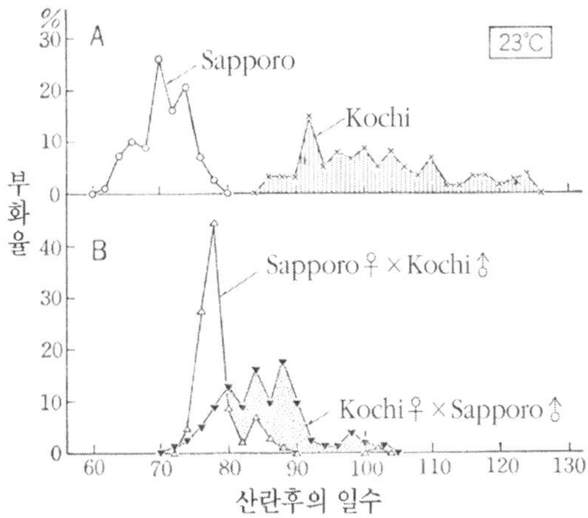

그림 4-14. 남과 북의 왕귀뚜라미의 성충 우화 상황.
(Masaki, 1974)

실험을 시작한 것은 5월 하순이었는데 부화 후 얼마동안은 두 개체군 간에 별로 차이가 없었으나 약 2개월 후인 7월 말경부터 두 개체군 간에 차이가 나타나기 시작하였다. 즉 Sapporo 개체군의 유충에는 성충 우화의 징조인 날개의 원기가 생기고 8월이 되면서 성충이 우화하기 시작하여 8월 중순까지 모두가 우화하였다. 그런데 Kochi 개체군은 이 무렵 겨우 날개의 원기가 생기기 시작하여 8월 하순에 성충이 우화하기 시작하였으며 9월 중순경이 되어도 유충이 남아있었다. 평균유충기간은 Sapporo 개체군이 70일이었고 Kochi 개체군의 그것은 100일 정도로 약 1개월의 차이가 있었다. 이와 같은 유충기간의 두 개체군간 차이는 생장 속도 자체의 차이보다는 우화시기의 차이인 듯하다. 즉 거의 같이 생장하는데 Sappor 개체군에서 Kochi 개체군에서 보다 작으며 우화한 성충의 두 폭과 산란관의 길이를 보아도 두 개체군에는 명백한 차이가 있었으며 두 개체군간의 잡종의 유충기간은 모계우성의 경향이 있기는 하였으나 대체로 중간적인 특성을 갖고 있었다(Masaki, 1974).

곤충류의 발육기간이나 휴면심도가 같은 종에서 남북 개체군 간에 차이가 있다는 것은 환경조건에 대한 이들의 적응문제와 관련 중요한 의미가 있다고 생각된다. 기온이 낮은 지역에서 생활하는 북방 개체군은 짧은 여름철에 생육을 끝내고 추운 겨울이 되기 전에 휴면난을 낳는 것이 중요하다고 하겠다. 발육기간이 긴 남방 개체군의 경우는 여름철이 짧으면 겨울철이 되기 전에 발육이 완전히 끝나지 못하거나 유충 발육이 끝났다 하여도 우화한 성충이 성적으로 성숙하여 산란을 끝내는데 충분한 시간적 여유가 없겠다. 그리고 산란된 알도 배자가 발달하여 휴면단계까지 발육하기 전에 전온에 접하게 되어 죽어버리기도 하겠다. 즉 우화가 늦어지면 사망할 위험이 커진다. 우화가 빠르고 장일조건하에서도 발육이 늦어지지 않는 특성을 가진 개체들만이 자손을 남길 수 있다는 것이다.

한편 알의 휴면심도가 남방 개체군에서 북방 개체군보다 깊다는 것은 얼핏 보아 불합리한 것으로 생각되기도 한다. 그런데 알에 대하여 가장 큰 위협은 저온 그 자체보다는 봄이 되기 전에 휴면에서 깨어나는 것으로 일단 휴면에서 깨어난 것은 다시 휴면할 수 없다. 남방 개체군은

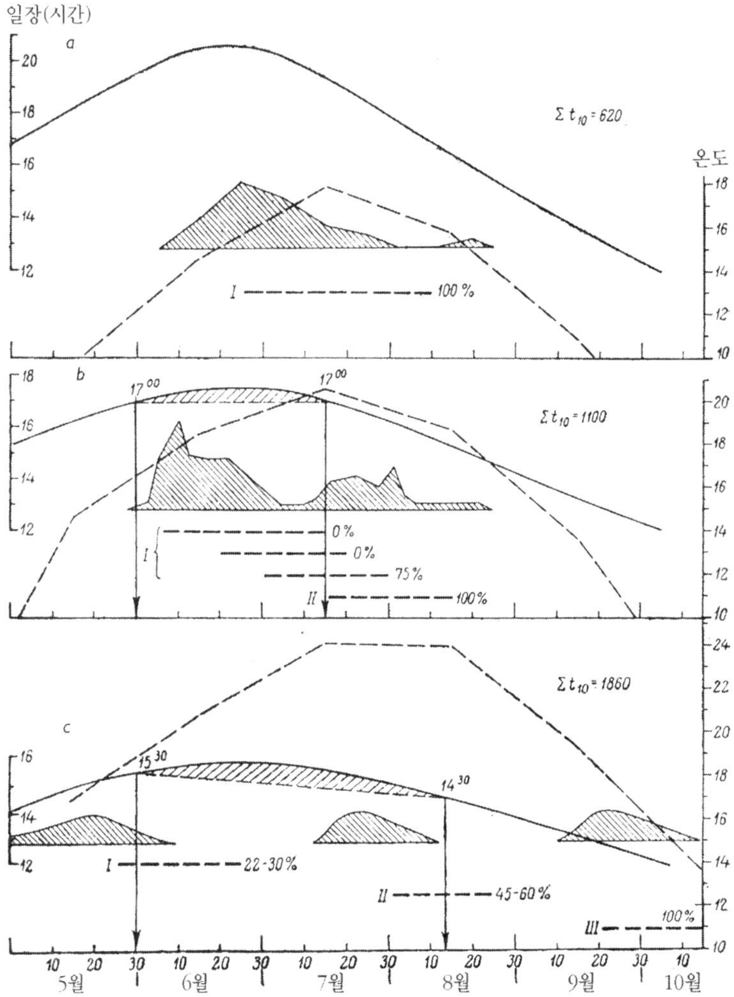

그림 4-15. 러시아 3개 지역에서의 도둑나방 생활사 모식도. (Danilevsky, 1965)
a:Leningrad주(60°N), b:Voronezh주(52°N), c:동부 Gruziya(42°N), ↓:임계일장, 사선:휴면방해일장, 곡선:성충우화, Ⅰ,Ⅱ,Ⅲ:세대, 굵은 점선:유충, 수치:휴면용율

겨울철에도 따뜻한 날이 자주 있어 이러한 위험을 피하기 위해서는 휴면이 깊어야 하겠다. 반면에 겨울이 추운 북극에서는 가을철부터 초겨울 동안만 휴면으로 지나도 겨울철의 저온으로 발육은 충분히 억제되어 때 이른 부화는 일어나지 않겠다. 따라서 이들의 경우는 얕은 심도의 휴면이 계절의 진행과 제일성을 갖게 하는데 유리하다고 하겠다. Masaki(1974)는 난기간과 겨울철 환경조건간의 관계를 중회귀 분석한 결과 가장 밀접한 관계가 있는 것이 월동기간 중의 일 최고기온이었다고 하였는데 이것은 이런 관계를 말해주는 것을 생각된다.

도둑나방(*Mamestra brassicae*)는 구대륙 거의 전역에 분포하는 여러가지 밭작물의 중요한 해충이다. 그림 4-15는 러시아 3개 지역에서의 이 해충의 생활사 모식도이다.

이 해충은 번데기시기에 외인성 휴면을 하며 발육최저온도는 약 10℃로 발육단계에 따라 다소 차이가 있다. 발육적온은 16~25℃이고 발육을 완료하는데 필요한 유효적산온도량은 560~580일도이나 성충의 성적성숙에 필요한 기간을 감안하면 약 600일도이다. 러시아에서의 이 해충의 광주반응의 지리적 변이를 보면 다른 곤충류에서의 경우와 같이 북부에서 남부지방으로 가면서 휴면유기 임계일장이 짧아진다. 그림에서 보는 바와 같이 Leningrad 지방(60°N)에서는 연 1세대, Voronezh 지방에서는 2세대 그리고 동부 Gruziya(42°N) 지역에서는 3세대가 발생하여 지역에 따라 연간 세대수에 차이가 있으며 이것은 각 지역의 연간 유효적산온도와 이 곤충의 그것(600일도)을 참작할 때 이해할 수 있을 듯하다.

Leningrad에서 1화성인 것은 7월에도 기온은 18℃ 이하의 저온이기 때문에 연간 유효 온도량이 2회 발생에는 부족하다. 그리고 이 지역의 개체군의 광주반응을 보면 18℃에서는 18시간 조명하에서도 100%의 휴면율을 보이고 있어 제2세대의 발생은 어렵겠다. 그러나 해에 따라서는 발육기간 중의 온도가 18℃에 달하는 수도 있어 이런 해에는 비휴면 개체가 출현할 수 있겠다. 실제로 8월 말에 적은 수이기는 하나 성충의 출현 예가 있다고 한다. 이 곤충의 분포 남부지역에서는 온도와 일장이 생활환에 영향을 미쳐 복잡하다. 북위 50°N 부근의 삼림스텝지역에서는 생육기의 유효적산온도가 1100~1300일도 정도여서 매년 2세대가 발생한다. 그러나 제1세대의 일부가 휴면하여 Zhitomir주나 Kiev주에서는 10~50%, Khar'kov주에서는 약 40%, Voronezh주에서는 약 45%, Saratov 부근에서는 70~80% 등 지역개체군에 따라 휴면율에 차이가 있을 뿐 아니라 같은 지역에서도 해에 따라 차이가 있다고 한다. 월동 후 제1세대 유충의 휴면율은 조기 용화개체에서 낮고 후기 용화개체에서는 휴면율이 높다. 제1세대 휴면율의 차이는 제2세대 성충 발생량에 영향을 미치게 된다. 그림에서 보는 바와 같이 Voronezh 지역개체군 제1세대 유충 중 6월 상순~7월 상순 간에 자라는 유충은 거의 휴면하지 않으나 그 이후의 유충은 75%가 휴면하며 제2세대 유충은 모두가 휴면한다.

한편 Sumy 지역(51°N)의 이 곤충개체군의 휴면율을 보면 18℃에서 일장 17시간일 때 83%이고 25℃에서 15시간일 때 87%며 이보다 긴 일장에서는 휴면하지 않는 것으로 보아 이 지역개체군의 휴면유기 임계일장은 대체로 16시간 30분~17시간 사이인 듯하다.

이와 같은 휴면유기 임계일장관계를 생각할 때 Voronezh 지역에서 임계일장 이상기간은 대체로 5월 하순부터 7월 중순사이의 비교적 짧은 기간뿐이다. 성충의 출현은 6월 상순에 시작하여 8월 중순경까지 이어지며 제1세대 유충은 6월 중순부터 8월 중순가지 발견되어 임계광주기 이하의 일장을 경험하는 유충이 상당수 되게 된다,. 이에 따라 50% 이상의 번데기가 휴면하는 것을 짐작할 수 있겠다. Konakov(1926)는 6월 20일 이전에 용화한 개체들은 휴면하지 않는다고 하였다. 따라서 7월 상순에 부화한 유충은 70% 이상이 휴면용이 되겠다. 이와 같은 휴면용율의 증가로 그림에서 보는 바와 같이 8월 상순 이후에는 제2회 성충수가 크게 감소한다. 제2회 성충의 유충은 8월 중순이후의 단일조건하에서 생육하게 되어 용화한 개체는 모두가 휴면하게 된다. 이 시기의 온도는 제1세대 초기와 거의 비슷한 범위에 해당하는 고로 이 시기의 광주기가 휴면유기에 결정적 영향을 미쳤음을 짐작할 수 있다.

Gruziya 지역의 고도 500m 이하의 저지대에서는 그림에서 보는 바와 같이 연간 3세대 발생한다. 그러나 고도 1100~1200m의 지대에서는 2세대, 1300~1700m의 고지에서는 1세대만 발생한다. 각 고지대에서의 유효적산온도를 보면 이와 같은 연간 발생 세대수를 짐작할 수 있다. 즉 저지대에서는 10℃ 이상의 유효온도는 1860일도여서 3세대 발생이 가능하고 중간고도에서의 그것은 1230일도로 2세대 발생이 가능하고 1715m의 고지의 그것은 590일도로 1세대 발생이 겨우 가능한 정도이다.

그림 C는 Dolidze(1957)의 실험결과를 토대로 저지대에서의 이 곤충의 생활환을 도시한 것이다. 성충은 4월 하순에 출현을 시작하는데 온도가 17.6℃인 5월 중순이 우화 최성기이다. 제2회와 제3회 성충의 우화 최성기는 각각 7월 중순과 9월 중순인데 그의 간격은 유효적산온도와 대체로 일치한다. 그런데 생육기간이 길고 온도가 높은데도 불구하고 월동 후 제1세대부터 휴면용이 출현하고 제2세대에는 휴면율이 증가하며 제3세대에는 휴면율이 100%가 된다. 이것은 이 곤충의 남방 개체군의 휴면유기 임계일장이 비교적 긴데(참고 : Adzhariya (41°N) 지방 개체군의 경우 18℃, 16시간 일장조건에서는 휴면율 0%, 25℃, 15시간 일장하에서 휴면율 12%) 이 지역의 일장이 짧은 것이 관계가 있는 듯하다. 이 지역 저지대에서는 한 여름에도 유효일장은 15시간 30분을 넘지 못하여 당연히 일부는 휴면할 것이다. 물론 이것은 유충기간 중의 온도의 영향을 받는다. 비휴면 발육은 6월 10일부터 8월 10일간에 발육하는 개체에서만 볼 수 있다. 그런데 제1세대 휴면용 중 상당한 개체(25~30%)가 월동하지 않고 가을에 발육하여 제3회의 성충과 같이 우화한다. 따라서 이 경우에는 하절 휴면을 하게 되어 고자리파리의 생활사에서와 같이 생활환에 하면이 포함되게 되겠다. 실험실에서는 25℃의 조건에서 휴면용이 2~3개월 후면 휴면 후 발육을 재개하는 것을 볼 수 있다.

한편 일본에서의 도둑나방 생활환은 러시아의 그것과는 다르다. Masaki(1956)에 따르면 이 해충은 북해도(Sapporo 43°N)에서는 6월부터 9월에 걸쳐 2회 발생하며 제2세대에서 휴면한다. 남하하면서 생육에 필요한 유효온도는 증가하나 러시아에서와는 달리 세대수는 증가하지 않으며 연간 6~7세대가 발생하는데 충분한 온도량을 가진 Ryukyu 지방에서도 2세대만이 발생하는 것으로 알려져 있다. 이것은 이 해충이 온도가 지나치게 높지 않은 봄과 가을에만 발육을 하고 온도가 지나치게 높은 여름철에는 하면을 하기 때문이다. Masaki(1956)는 북해도에서 Ryukyu에 걸친 지역에서의 14개 개체군의 생활환을 비교하여 그림 4-16과 같이 정리하였다.

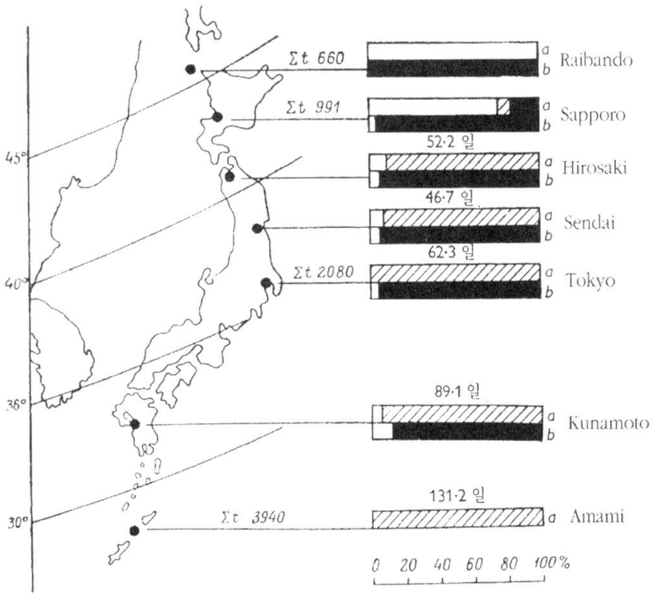

그림 4-16. 일본의 도둑나방의 생활환과 휴면 특성. (Masaki, 1956)
막대그래프는 장일(a)와 단일(b) 조건에서 유충을 사육하였을 때의 번데기 발육형의 비율(%), 백색:비휴면용, 사선:여름형의 짧은 휴면용 (수치는 휴면일수), 흑색:월동휴면용

일본의 도둑나방은 북해도의 개체군만이 유럽의 개체군들에서 볼 수 있는 형태의 광주반응을 나타내 장일에서는 발육을 계속하나 단일조건에서는 휴면한다. Sapporo 개체군은 24℃에서 임계일장이 15시간으로 유럽 삼림 Steppe 지역계통과 비슷하다. 그리고 그 이남의 개체군은 고온(24~28℃)하에서는 단일(12시간), 장일(16시간) 모든 조건하에서 휴면하게 되어 기본적으로는 1화성이다. 그런데 단일하에서는 긴 월동형 휴면을 하고 장일하에서는 월하형 휴면을 하여 일장조건에 따라 휴면형이 달라진다. 그리고 월동형 휴면의 경우는 발육재개에 저온이 필요하여 저온을 거치지 않으면 휴면은 190일~1년 이상 계속된다. 그런데 월하형 휴면은 저온이 필요하지 않으며 이때 휴면기간은 남하함에 따라 길어진다. 북부인 Hirosaki의 개체군은 26℃ 항온하에서 2개월 이내에 휴면이 끝나며 남부인 Oumi 개체군은 4개월 이상 휴면한다. 그리고 광주반응과 하형 휴면의 특성은 유전적이다. Masaki는 이런 특성이 실험실에서 2~3세대 유지된다고 하였다.

한편 장일하에서 일어나는 여름 휴면의 기간은 번데기가 겪는 온도의 영향을 크게 받는다고 한다. Masaki(1956)에 따르면 일본 남부 도둑나방은 휴면기간이 26℃에서는 70일, 19℃에서는 33일 그리고 15℃에서는 19일로 저온에서 휴면기간이 짧았다고 한다. 그리고 저온이기는 하나 발육에 유효한 온도하에서는 여름 휴면은 일어나지 않는 듯하다. 이로 보아 휴면의 유기는 유충기의 환경조건 뿐 아니라 번데기 시기의 온도도 관계가 있는 것으로 보인다. 도둑나방과 같이 하면과 동면을 하는 고자리파리의 경우 유충기와 번데기 시기의 온도는 하면과 동면에 모두가 관련이 있으나 그의 관련성은 하면과 동면에서 차이가 있어 하면에는 번데기 시기의 온도가 유충기의 온도에 비하여 영향이 크며 동면에 미치는 영향은 유충기 온도가 보다 크다(박과 현, 1989).

구 북구 서부와 일본의 도둑나방의 생활환의 지리적 변이를 보면 상당한 차이가 있다. 즉 유럽의 개체군에서는 광주기 반응의 임계치의 변이가 보다 중요한 의의가 있는데 반하여 일본의 도둑나방 개체군의 그것은 광주기에 의한 휴면형의 차이가 관련되어 있다. Danilevsky(1965)는 이것은 그들이 연구대상으로 하였던 도둑나방은 60~40°N의 개체군이었으나 일본의 그것은 여름에 휴면을 하는 40~28°N의 개체군이었기 때문일 것이라고 하고 북방계 곤충의 아열대 기후에 대한 하나의 적응 방식일 것이라고 하였다.

제 5장

생물의 진화와 자연선택

Ernst Mayr(2004)는 그의 100년 생애를 마감하는 저서 '생물학의 고유성(What makes biology unique?)'에서 성서를 제외하면 Charles Darwin의 '종의 기원(1859)' 만큼 현대인의 사고에 중대한 영향을 미친 것은 없을 것이라고 하였다. 물론 S. Freud의 정신분석학이나 A. Einstein의 상대성 원리도 근대인의 사고방식에 많은 영향을 미친 것은 사실이나 그것은 보다 전문분야에서의 일이었다. 이것은 서구인에 대하여는 특히 그러하였던 것으로 생각된다.

'종의 기원'을 통하여 주장된 Darwin의 진화론은 그때까지 서구인의 지배적 사상이었던 신의 창조를 신이라는 절대적 존재의 가정 없이도 일반적인 자연현상으로 설명할 수 있다는 인식을 갖게 하였다. 뿐만 아니라 그는 진화의 설명에 그리스 이래 서구인의 지배적 사상이었던 본질론이나 목적 원인론, 결정론 그리고 뉴튼 철학 등과 같은 우주관 대신 생물 개체군, 자연선택, 기회와 우연, 역사적 사건 해설(Historical Narratives)과 같은 생물학을 뛰어넘은 여러 가지 개념을 도입하였다. 이점은 Darwin을 단순히 생물학자 또는 진화학자로만 생각하는 수가 많은데 철학적 측면에서 근대인의 자연을 보는 시각에 혁명적인 영향을 미쳤다고도 할 수 있을 듯하다.

Darwin이 '종의 기원'에서 제기한 진화론은 내용면에서 여러 가지가 있으나 '자연선택에 의한' 또는 '생존을 위한 투쟁에서 혜택을 받은(유리한 특성을 가진) 계통들의 보존에 의한'이라는 부제에서 알 수 있듯이 그의 진화론의 골자는 '자연선택'설이다.

Darwin의 진화론은 종은 변화하는 것이며 생물들은 하나의 공통된 조상에서 진화한 것으로 이와 같은 변화는 몇 십 년이나 몇 백년단위의 짧은 생태학적 시간 동안의 것이 아니고 수 억년 또는 수 십 억 년의 진화적 기간에 걸쳐 일어난 비약이 아닌 '점진적' 변화의 산물로 이런 변화의 원동력은 '자연선택' 현상이라는 것으로 이것은 진화론의 주축 이론이다.

'종의 기원'이 출간된 후 지금까지 '자연선택'설은 여러 가지 우여곡절을 겪으면서 발전하여 왔다. 종의 변화와 공통의 조상 문제는 종의 기원 출간 후 얼마 안 되는 기간동안에 생물학자들은 물론 일반인들도 수용하는 바가 되었으나 기타의 진화론 관련 문제들 중에는 최근까지지도 논란거리가 되고 있다. 물론 현재에도 종교계 일부에서는 진화자체를 수용하지 않고 있다.

De Vries의 돌연변이설(1901)은 점진적 진화에 대한 도전이었고 20세기 초의 멘델유전법칙의 재발견에 따르는 멘델유전학의 발달은 자연선택론자에게 한 동안 큰 시련이 되기도 하였다. 그러나 Fisher, Wright 그리고 Haldane 등이 주도한 집단유전학은 개체군내 변이와 자연선택 현상을 적응현상을 통하여 묶고 그 결과를 개체군내의 유전자 빈도 변동에의 영향으로 해석함으로써 멘델유전학과 진화론간의 일차적 통합(Mayr, 2004)을 이루었다.

한편 진화문제에는 환경조건의 변화에 따르는 개체군내의 개체의 변화 즉 계통내 진화(Anagenesis, 系統內 進化)의 문제와 더불어 한 종에서 다른 종이 파생하는 분지진화(Cladogenesis, 分岐進化)의 문제가 있는데 전자는 종의 시간적 변화가 주요한 문제이나 후자에 있어서는 진화의 수평적 분지 즉 신종의 출현이 문제가 된다. Fisher 등이 집단유전학은 멘델유전학과 자연선택현상의 통합에는 성공하였으나 종의 분화문제는 또 다른 고비를 넘어야 하였다.

1920년대의 유럽 생물학자들은 분류학이나 박물학적 연구를 통하여 한 종 개체군이 지각의 변동과 같은 물리적 격리에 의한 Dichopatric speciation이나 개체군의 분포확대로 새로운 환경으로의 확산에 의한 Peripatric speciation에 의하여 새로운 종이 생긴다는 것을 알고 있었다. 그런데 주로 실험실 개체군을 대상으로 하였던 당시의 유전학자들은 이런 사실을 별로 중시하지 않았다. 당시의 유전학자들은 어떤 시점에서의 하나의 개체군이 대상이었음으로 종 분화의 문제에는 관심이 적었다. 반대로 진화학자들은 당시의 유전학 발달은 잘 이해하지 못한 채 단절적 변이를 주장하는 돌연변이설에 대응하는데 주력하였었다. 이런 경향과 후일 실험 유전학자들이 발견한 작은 돌연변이의 역할에 대한 인식의 부족 때문에 일부 생물학자들이 진화의 점진성과 관련 Lamark의 용불용설을 수용하게 되기도 하여 유전학에서의 많은 발전에도 불구하고 실험 유전학자들과 분류학자들 간의 깊은 골이 생기게 되었다.

1937년 Dobzhansky는 '유전학과 종의 기원'(Genetics and the Origin of Species)을 저술하였는데 그는 이 책에서 진화문제와 관련 개체군의 Anagenesis를 대상으로 하는 유전학과 종분화를 대상으로 하는 Cladogenesis의 이론적 통합을 이루었다(Mayr의 2차 통합, 2004). Dobzhansky의 주장은 1940년대 Mayr, J. Huxley, Simpson, Stebbins, 기타 여러 학자들이 이를 뒷받침하였다. 이들의 주장은 주로 종이 기원과 종 다양성의 중요성에 관한 것으로 ·새로운 종이 왜, 어떻게 출현하게 되는가에 대한 것이었다. 개체군은 언제나 적응적이어야 하기 때문에 항상 변하여야 한다. 이것은 새로운 종의 출현을 요구하는 것은 아니다. 즉 새로운 종의 출현 기작과 적응 유지에 필요한 기작은 다른 것임을 뜻한다.

Dobzhansky 등의 이론으로 1940년경까지 이어온 진화에 대한 진화학자들 간의 견해차이 즉 Lamark의 용불용설(획득형질의 유전), 도약설 그리고 일종의 목적론적 진화론인 정향진화 등에 관한 문제는 거의 해결을 보게 되었다. 그러나 자연선택의 대상에 관하여는 유전학자들과 진화학자들 간에 아직도 견해차이가 완전히 해소되지는 않은 듯하다. 즉 일반생물학자들에 있어서는 자연선택의 대상은 개체인데 반하여 유전학자들은 그것은 유전자이다. 이것은 집단유전학자들은 대체로 환원론자인데 반하여 분류학자들은 대체로 전체론자인 경향을 갖는 것과 유관한 듯하다. 일반생물학자의 입장에서 볼 때 진화란 개체군에서의 유전자 빈도의 변화 뿐 아니라 새로운 종의 분화나 종의 적응성 획득과 그의 유지도 중요한 문제이기 때문에 이런 차이는 당연한 것이라고 하겠다.

한편 1940년대 이후의 분자생물학의 발전은 진화문제 연구에도 지대한 영향을 미쳤다. Avery(1944)는 유전물질이 단백질이 아니고 핵산임을 밝혔고 Watson과 Crick(1953)은 DNA의 나선구조를 밝히고 그의 기능을 설명하여 그 후의 유전학 발전에 크게 기여하였다. 그리고 Jacob과 Monod(1961)은 생체의 단백질 합성의 제어기구 Operon설을 제기하여 진화문제 해결에 많은 공헌을 하였다. 이런 연구로 유전암호는 원시적인 세균류에서부터 고등한 다세포생물에 이르기까지 큰 차이가 없어 생물들은 하나의 조상으로부터 출발하였음을 추측하게 하며 정보는 핵산으로부터 단백질로는 전달이 되나 역으로의 전달은 불가능함이 알려져 획득형질의 유전은 불가능함이 명백해지기도 하였다.

유전자 서열을 대상으로 하는 Genome에 관한 연구는 진화생물학에 또 다른 중요한 정보를 제공하였다. 예를 들면 일부 포유류의 유전자들은 무척추동물 심지어는 원핵생물의 그것과 같은 것이 알려지고 있는데 이것은 유전자들이 오랜 역사를 갖고 있으며 공통의 기원을 갖고 있음을 뜻하는 것이다. 또 Genome의 연구는 염기의 대체, 비암호 DNA의 삽입, 유전자의 전이 그리고 유전자의 여러 가지 변화나 그의 염색체상의 위치 등과 같은 것들이 미치는 생물학적 영향 등에 관하여 많은 것을 밝혀 종래 형태학적 특징 중심의 생물계통학에 새로운 활기를 불러일으켰다. Zuckerhandl과 Pauling(1960)은 생물들의 Amino산 치환수와 화석에 나타나는 종분기 연대 간에는 명백한 연관이 있음을 발견하고 분자시계(Molecular Clock, 分子時計)의 개념을 제기하였는데 이것은 생물계통수에 시간의 척도를 부여하였다. 이 분자시계의 개념은 Mitochandria DNA 분석을 통하여 더욱 확실해졌으며 진화연구에 크게 공헌하였다.

이상 Darwin의 '종의 기원' 이후의 진화론 발달을 극히 간단하게 요약하였다. 그간 여러 가지 우여곡절이 있었으나 여러 학문분야의 발달과 더불어 진화론은 크게 발달하였다. 그러나 Mayr(2004)가 지적한 바와 같이 진화는 유전적 변이와 자연선택의 산물이라는 Darwin이 제기한 최초의 패러다임은 큰 변화가 없는 듯하다. 지금까지 있었던 여러 가지 논란 또는 견해 차이는 이해부족 때문인 수도 있었으나 한편으로는 학문의 발달에 따라 개념은 변화하였으나 용어상의 변화가 없어 생긴 수도 많다. 여기서는 이런 문제점들을 설명하여 자연선택의 내용을 진화와 관련 다시 한 번 살펴보려고 한다. 여기서는 결론을 말하기 보다는 문제의 본질을 밝혀 앞으로의 해결에 도움이 되었으면 한다.

제 1 절 자연선택과 개체군의 개념

자연선택은 개체군 내에서 일어나는 현상이다. 개체군(Population, 個體群)이란 어떤 지역 내에 존재하는 같은 종 개체의 집합체를 말하며 개체군을 구성하고 있는 개체들은 서로 교잡이나 경쟁, 협력 등 여러 가지 상호작용으로 관계를 유지하나 다른 개체들과는 구별되는 집단을 말한다.

개체군을 구성하고 있는 개체들은 같은 종이지만 형질특성면에서 차이가 있고 이런 차이는 환경조건에 대한 적응성에 차이가 있어 생존율이나 증식율에 차이가 생기게 되어 결과적으로 '선택'을 받게 된다. 그리고 이와 같은 특성은 유전을 통하여 다음 세대로 이어진다. 자연선택과 관련 중요한 것은 개체군을 구성하고 있는 개체들 간의 형질특성 차이 즉 변이, 변이 개체들의 환경조건에 대한 적응성 차이 그리고 다음 세대로의 유전양식 등이라고 하겠다.

개체들 간의 변이는 돌연변이, 감수분열시의 염색체 행동 그리고 암수 생식세포 즉 난자와 정충의 결합 등과 일차적으로 관련이 있으며 이 과정들은 모든 것이 확률적이어서 '선택작용'이 개입될 여지는 거의 없다. 그런데 암, 수 생식세포가 결합(수정)하여 접합자가 생기고 그것이 성장하여 성체가 되어 다시 생식을 하게 되는 후배자 발생 과정에서는 확률적 과정이 없는 것은 아니다. '선택작용'이 보다 중요한 의의가 있다.

한편 두 세대간 개체군의 유전자 빈도 분포는 유전적 부동에 의하여 임의적으로 결정된다. 유전적 부동(Genetic Drift, 遺傳子 浮動) 현상은 형질특성의 환경조건에 대한 적응성 차이와는 무관한 현상으로 개체군의 크기가 작을 때 그 영향이 보다 명백하다. 이 점은 적응성 차이를 필요조건으로 하며 개체군 크기와는 무관한 자연선택과는 차이가 있다. 물론 두 현상은 작은 개체군에서 동시에 일어날 수 있으며 선택작용이 수시로 변할 때에는 유전자 부동의 효과는 명백하지 않다.

진화란 오랜 시간에 걸쳐 생물들이 일정한 방향으로 변화하는 것을 뜻하는데 여기에는 유전자나 형질특성의 기원은 물론 그들의 개체군내 확산동태가 포함된다. 자연선택과 유전적 부동은 모두가 진화와 밀접한 관계를 갖고는 있으나 이것이 꼭 진화에 이어지는 것은 아니다. 다시 말하면 이것들은 진화의 충분조건은 되나 필수조건은 아니라는 뜻이다.

개체군이 돌연변이나 자연선택, 유전적 부동현상의 영향을 받으면서도 일정한 유전자 빈도 분포상태를 유지할 때 집단유전학에서는 그 개체군이 유전적 평형상태(Genetic Equillibrium, 遺傳的 平衡狀態)에 도달하였다고 한다. 평형상태의 개체군은 세대마다 같은 형질특성 빈도분포를 유지하는 고로 진화는 없다. 이와 같은 평형상태는 자연선택에 의한 것일 수도 있고 자연선택과 이를 서로 소거하는 요인들과의 상호작용에 의한 것일 수도 있겠다. 그런데 개체군이 비평형상태에 있을 때는 형질특성 빈도분포에 대한 조절기능이 없어 진화가 진행될 수 있겠다. 물론 평형상태의 개체군에서도 개체군의 속성에 변화가 생기거나 외부환경이 변하면 진화가 일어나겠다. 개체군의 평형상태 여부는 그 개체군의 역사나 그때그때의 개체군 속성과 관계가 있겠다.

한편 집단유전학자들은 흔히 진화란 개체군의 세대간 유전자 빈도분포의 변화를 말한다고 한다. 이 정의는 앞서의 진화에 대한 일반적 정의와는 차이가 있다. 즉 앞서의 정의에서는 일정한 방향으로의 특성변화를 뜻하였으나 여기서는 유전자 분포의 일정한 방향으로의 변화 뿐 아니라 임의적 방향으로의 변화까지도 포함하고 있으나 새로운 형질의 출현을 꼭 요구하지는 않는다. 여기서는 개체군의 유전자 빈도분포의 변화를 강조하면서 새로운 형질의 유래나 그들의 기능 또는 동태에 대하여는 경시 또는 무시하는 경향이 있다.,

진화에 있어서 새로운 유전형질의 출현과 유전자 빈도분포의 변화는 모두가 중요한 의미가 있다. 특히 양적 유전형질의 경우 관련 유전자좌의 유전자 빈도가 형질의 전반적 평균이나 변이계수의 변화 없이도 변화하는 수가 있는 것이 알려지고 있는데 이런 경우 집단유전학자들의 진화에 대한 유전자 빈도분포의 변화라는 정의는 적용에 문제가 있겠다. Mayr(2004)는 진화란 유전자 빈도의 변화를 뜻하는 것이 아니고 표현형 특히 적응성 유지와 다양성의 기원의 변화를 뜻하는 것으로 유전자의 빈도 변화는 진화가 원인이 된 것이 아니고 진화의 결과라고 하였다.

지금까지 자연계에서 일어나고 있는 생물학적 현상과 관련 그것이 확률적인 우연한 것인지 아니면 필요에 의한 목적원인론적인 것인지에 관하여 많은 논란이 있어 왔다. 그런데 생물의 진화과정을 살펴보면 확률적인 과정과 결정론적인 과정이 복잡하게 엉켜 진화라는 결과를 낳고 있음을 알 수 있다. 진화와 관련 자연선택은 두 개의 과정으로 되어 있다고 할 수 있는데 그 첫 번째 과정은 확률적이나 뒤따르는 과정은 첫 번째 과정에서 생긴 확률적 변이를 다듬는 것이라고 할 수 있을 듯하다.

제 2 절 자연선택의 내용

Darwin은 육종가들이 가축이나 작물육종에 우수한 형질을 가진 것을 선발하여 이용하는 것에서 자연선택이라는 발상을 하였다. 즉 자연 상태에서도 생물들은 큰 생식력 때문에 생존을 위하여 심한 경쟁을 하게 되는 고로 이때 생존에 조금이라도 유리한 형질을 가진 개체가 남게 되고 이것이 유전을 통하여 다음 세대로 이어지게 되어 생물은 진화한다는 것이다. 그런데 가축이나 작물육종가들은 품종개량에 선택(Selection, 選擇)과 도태(Elimination, 淘汰)라는 상반된 두 가지 방법을 이용한다. Darwin도 '종의 기원'에서 유리한 변이의 보존과 불리한 변이의 제거를 '자연선택'(Natural Selection, 自然選擇)이라고 한다고 한 것으로 보아 선택뿐 아니라 도태도 염두에 두었던 것으로 보인다. 선택은 우수한 개체를 대상으로 하나 도태는 불리한 형질을 대상으로 한다. 사실 진화와 관련 Natural selection은 처음에 '자연도태'로 번역되었으나 1960년 중반 이후에 자연선택으로 불리웠다.

자연계에서는 '선택'과 '도태'가 동시에 일어난다. '종의 기원' 발간 후 약 60년간은 우수한 개체의 선택이 주목을 받았다. 그러나 1920년대의 집단유전학의 발달로 개체군내의 유전자 빈도의 동태가 중시되게 되면서 도태의 중요성이 선택 못지않게 주목을 받게 되었다.

자연선택과 관련 개체군의 세대내 변이는 대단히 중요하다. 그런데 선택의 경우 최적자만이 살아남기 때문에 다음 세대가 이용할 수 있는 유전자의 변이 폭은 좁은 것이 보통이다. 반면 도태의 경우는 극히 부적합한 것들만이 제거되는 고로 덜 적절한 개체들 중에서도 살아남아 다음 세대에서 이용할 수 있는 유전자의 폭은 넓어지는 것이 보통이다. 다시 말하면 도태의 경우에는 최적 개체 뿐 아니라 상당히 많은 개체들이 살아남게 되어 다음 세대의 유전자 구성에 보다 풍부한 유전자 자원을 제공할 수 있게 되는 것이 보통이다. 예를 들면 공작새의 경우 생존에 가장 알맞은 형질만이 선택된다면 생존과 직접적으로 관련이 적은 자웅선택과 관련이 깊은 깃털을 가진 개체가 살아남을 수 있는 경우는 드물겠다. 그러나 환경조건이 그리 혹독하지 않은 도태조건하에서는 살아남은 세대의 변이폭이 커서 다음 세대에서 이용할 수 있는 유전자는 다양해질 수 있겠다. 이런 겨우 다음 세대를 잇게 되는 행운은 보다 우연성이 커지겠다. 이것은 진화에 여러 가지 예기치 못한 일이 생기는 수가 있는데 이런 경우의 설명에 도움이 되겠다.

자연선택을 흔히 표현형에 따르는 차별적 치사작용으로 생각한다. 이것은 자연선택을 '최적자의 생존'(Survival of the Fittest, 最適者의 生存)과 같은 뜻으로 생각하는 것과도 관련이 있는 듯하며 또 다른 점으로는 Darwin의 '자연선택'을 생존과 관련된 것으로만 좁게 해석하는 것과 관련이 있는 것으로 생각된다.

Darwin은 '종의 기원'에서 수정과 교미와 같은 교미성공율의 차이와 관련이 있는 자웅선택(Sexual Selection, 雌雄選擇)과 생존과 관련이 있는 자연선택을 구별하였으며 자웅선택의 중요성과 관련 '인간의 유래'(The Descent of Man)(1871)에서 많은 지면을 할애하였다. 자웅선택에 관하여는 1970년대에 들어서면서 그의 중요성이 재발견되면서 많은 연구가 이루어졌으며 그에 따라 암컷의 교미 상대 선택에서의 역할에 관한 많은 연구가 이루어졌다.

자웅선택과 생존관련 선택의 구별문제는 자웅선택과 관련된 형질이 생존과 관련된 형질과 꼭 일치하는 것은 아니며 때로는 상충되는 수도 있다는 점을 생각할 때 충분히 납득이 가는 일이다. 예를 들면 공작새의 아름다운 깃털은 자웅선택에는 중요한 의미가 있겠으나 생존에는 별로 큰 의미가 없다. 이런 의미에서 자웅선택을 자연선택에 포함시키는 문제에 관하여는 견해를 달리할 수 있겠다.

Mayr(1963)는 자연선택을 '비확률적인 차등적 생식 성공률'이라고 하였는데 이것은 자연선택이 갖는 기능보다 그의 결과를 중시한 정의로 세대간 생식기여도를 중시한 정의라고 할 수 있다. 여기서 '생식 성공률' 이란 같은 종내의 개체들 간의 생식성공에 관한 것으로 교미 성공률은 물론 부모자식간의 상충, 형제자매간의 경쟁, 부모의 편애, 원핵생물에서의 불균등 분열 그리고 여러 가지 생물사회학적 현상 등 까지 여러 가지 내용이 포함된다.

Ghiselin(1974) 등은 생식 성공률과 관련된 여러 가지 요인들 중 교미 성공률과 같이 명백히 구별되는 것만을 자웅선택으로 부르는 것을 주장하였다. Endler(1984)도 자웅선택(Sexual Selection, 雌雄選擇)과 그 밖의 선택으로 대별하고 후자를 다시 치사선택(Mortality Selection, 致死選擇)과 번식력 선택(Fecundity Selection, 繁殖力 選擇)으로 분류하고 교미성공은 명백한 현상인 고로 자웅선택에는 교미성공과 관계가 있는 것만을 포함시켜 다른 것과 구별할 것을 주장하였다. 교미선택과 관련된 형질이 생존과 관련된 형질과 차이가 있는 경우가 있는 것은 사실이나 이것은 어디까지나 개체군내의 개체간 변이이기도 한다. 그리고 자연선택이 형질 차이 때문에 일어나는 현상이라고 생각한다면 이런 의미에서는 자웅선택을 자연선택의 범주에 포함시켜도 무방할 듯하다. 더욱이 생존 관련 자연선택과 관계가 있는 여러 가지 형질들 간에는 서로 상충되는 것도 많아 형질상의 차이만을 이유로 교미 경쟁과 관련된 형질을 따로 취급할 특별한 이유는 없다고 할 수도 있겠다. 그러나 자웅선택과 그것을 제외한 다른 '자연선택'은 결과나 생물학적 영향면에서 큰 차이가 있다. 이런 점을 감안하여 Endler(1986)는 생물계에서 일어나는 자연선택 전반에 대하여는 화학적 진화에 대하여 생물선택작용(Organic selection, 生物選擇作用)이라고 하고 생물계에서 일어나는 선택작용 중 교미 성공률과 관련된 것을 자웅선택 그리고 그 밖의 것들을 협의의 '자연선택' 등 세 가지로 분류하는 것이 보다 내용을 명백히 하는 것이 될 것이라고 하였다. 여기서는 전체적인 과정을 자연선택이라고 하고 자웅선택은 자연선택의 특별한 경우로 생각하려 한다.

생물의 유전자형(Genotype, 遺傳子型)은 환경조건의 영향을 받아 표현형(Phenotype, 表現型)으로 구체화된다. 따라서 표현형의 차이는 유전자형의 차이 일 수도 있으나 같은 유전자형이라 하여도 환경조건의 차이에 따라서는 표현형이 달라질 수 있겠다. 그리고 표현형이란 형태적 특성만을 뜻하는 것이 아니고 행동이나 생리적 특성까지를 포함한 총체적인 생물학적 특성을 말한다.

'종의 기원'이 출간되었던 시기에는 아직 유전학은 없었던 고로 자연선택의 대상은 당연히 개체였다. 유전학의 발달은 많은 유전학자들이 자연선택의 대상을 개체대신 유전자로 생각하게 하였다. 물론 이 시기에도 대부분의 분류학자들과 박물학자들은 여전히 개체를 자연선택의 대상으로 생각하였다. 1940년대에 진화론과 유전학이 집단유전학의 발달로 통합되면서 자연선택의 대상이 유전자라는 생각을 가진 유전학자들의 수는 점점 감소하여 1980년대에 들어서면서는 그런 생각을 가진 사람은 거의 살아졌다(Sober, 1984).

자연선택의 대상과 관련 Mayr(2004)는 유전자, 접합자, 개체 , 균등을 논하고 자연선택의 대상은 개체라고 하고 개체 외에는 모자관계와 같은 혈연집단(Kin Group, 血緣集團)에서와 같이 이타적 행동이나 자식의 보호와 같은 현상이 대상이 된다고 하고 일반적 군에 관하여는 경우에 따라 군이 선택의 대상이 될 수도 있고 그렇지 않을 수도 있다고 하였다.

어떤 군에서 그의 선택가가 군을 구성하고 있는 개체들의 개별적 적응가의 평균과 같을 경우에는 군이 선택이 대상이라고 할 수는 없겠으나 군을 구성하고 있는 개체들 간에 분업이 발달하던지 하여 군으로서의 적응가가 개체들의 평균적응가 보다 커지는 경우에는 군이 선택의 대상이 될 수 있겠다. Mayr(1990)는 이와 같은 의미에서 군을 물고기 떼와 같은 임의적군(Causal Group, 任意的群)과 적의 공격에 대비하여 감시 개체를 두는 경우와 같은 사회적군(Social Group, 社會的群)으로 분류하고 후자의 경우에는 군이 선택의 대상이 된다고 하였다. 일본의 Imanishi(1980)는 진화란 종 사회의 분주(Habitat Segregation, 分住)의 밀도화라고 하고 진화의 단위를 종 즉 개체군으로 보고 있어 이 경우는 보다 포괄적인 단위가 대상이 되겠다.

제3절 자연선택과 생물의 진화

자연선택 현상은 야외나 실험실을 막론하고 여러 가지 생물에서 흔히 볼 수 있는 현상이다. 따라서 자연선택은 생물의 진화와 직접 간접으로 깊은 관계가 있을 것이라는 것은 쉽게 짐작할 수 있겠다. 그런데 진화문제와 관련 자연선택의 중요성에 관하여는 학자들 간에 의견의 차이가 있다. 이것은 사람에 따라 진화의 여러 가지 측면에 대한 강조하는 바가 다른 것과 관계가 있다.

생물의 진화란 새로운 형질의 출현과 개체군내 유전자빈도 분포의 변화라는 두 가지 측면이 있다고 하겠으며 자연선택은 이들과 직접, 간접적으로 연관을 갖고 있다. 자연선택과 관련 생물개체군은 세대마다 이 두 가지 단계를 거치는 것으로 볼 수 있다. 그 첫 번째 단계는 변이의 발생단계로 돌연변이, 생식세포 형성과정에서의 염색체 변화, 감수분열시 낭세포로의 염색체 이동 그리고 접합자 형성(수정)시의 두 생식세포의 결합 등이 그것이고 둘째 단계는 새로 생긴 접합자가 자라서 생식에 성공할 때까지의 단계가 그것이다. 그런데 이 두 과정 중 첫 번째 과정은 주로 확률적 과정으로 자연선택이 간접적인 관계는 있으나 직접적인 것으로 확률적인 요소가 개입할 수 있는 여지는 극히 적은 반면 두 번째 과정은 확률적인 요소가 개입할 수 있는 여지가 전혀 없는 것은 아니나 이 과정은 주로 선택적인 요인에 의하여 결정된다. 따라서 전자의 입장은 확률론자의 그것이고 후자의 입장은 선택론자의 입장이라고 할 수 있겠다.

선택론자들은 자연선택과 밀접한 관련이 있는 개체군내 유전적 변이는 주로 자연선택이 갖는 상호작용이나 안정화 작용 그리고 환경조건의 지리적 차이에 따르는 자연선택 작용의 지리적 차이 등에 의하여 유지되는 고로 진화의 방향은 대체로 선택작용에 의하여 결정된다고 주장한다. 물론 돌연변이나 유전자의 재조합과 같은 변이의 기원이 되는 유전적 요소가 변이의 근본적이고 결정적인 요인이기는 하나 개체군내의 개체들간 변이가 크기 때문에 진화속도나 방향은 대체로 자연선택 작용의 '크기'에 의하여 결정된다고 주장한다. 이것은 원래의 균형설과 일맥상통하는 견해이나 변이를 유지하는 기작보다 일정한 방향으로 변이를 유도하는 선택작용과 변이의 결과를 중시하는 견해라고 할 수 있겠다. 양적형질이나 다인자 형질에 대한 조정적 선택작용은 돌연변이가 끼어들지 않으면 그 변이가 차차 감소하나 이때에도 자연선택작용은 진화와 관련 대단히 중요한 것임이 알려져 있다(Lande, 1976).

확률론자들은 돌연변이나 유전자 재조합, 개체군의 구조 그리고 유전적 부동과 같은 확률적 현상이 생물진화에서 선택작용보다 중요하며 때로는 이런 것이 진화에 새로운 국면을 초래하기도 한다고 주장한다. 돌연변이를 비롯한 많은 유전적 변이는 선택작용과는 무관하거나(중립적) 거의 무관한 것이어서 자연선택작용의 영향을 받지 않는다(생존이나 생식의 면에서 적응성에 차이가 없기 때문에). 또 돌연변이에는 생존에 불리한 것이 많아 자연선택과정에서 제거되는 것이 보통이다. 그러나 극소수의 것은 생존에 유리한 것도 있어 이것이 진화에 이어지기도 한다.

자연선택은 불리한 형질을 제거하고 유리한 형질을 보존하는 일종의 '순화작용'이다. 새로운 돌연변이는 자연선택과 유전적 부동에 의하여 개체군내에 확산되나 대부분은 시간이 경과하면서 탈락한다. 개체군은 자연선택이나 환경변화에 즉각적으로 반응할 수 있을 정도의 예민한 변이성을 꼭 가져야 하는 것은 아니다. 충분한 변이성을 갖고 있지 못할 때는 그대로의 상태를 유지할 것이다. 만약 적절한 돌연변이가 일어나지 않으면 결국에 가서는 멸망할 것이다. 돌연변이는 진화속도나 방향에 영향을 미친다. 이 견해는 선택작용과 무관한 형질이나 돌연변이의 중요성을 강조하는 반면 선택작용의 '순화작용'을 경시하는 견해이다.

Kimura M.(1968)와 L. J. King과 T. H. Jukes(1969)는 분자진화와 관련이 있는 돌연변이는 대부분이 자연선택과는 거의 무관하여 개체군내에 우연히 축적되는 돌연변이 유전자가 자연선택에 의하여 축적되는 것보다 많다는 중립돌연변이설(Neutral Mutation Theory, 中立突然變異說)을 제기한 바 있다. 이것은 변이를 자연선택과의 연관하에서 생각하며 자연선택 만능을 주장하는 Neodarwinism과는 대조적인 견해로 진화에 새로운 국면을 제기하였다.

자연선택이 유리한 형질만을 선택하는데 반하여 유전적 부동은 그 결과가 생물에 유리하냐 불리하냐 와는 관계없는 현상으로 그 영향은 개체군의 크기가 작을수록 크다. 이 점은 개체군의 크기가 클수록 가용유전자 변이폭이 커서 선택에 유리해지는 것과는 대조적이다.

생물이 진화와 관련 자연선택과 유전적 요인 중 어느 것이 보다 중요한지를 단정하기는 힘든 일이라고 하겠다. 자연선택은 환경에 따라 차이가 있다. 따라서 그것은 진화의 양식과 관련하여서는 돌연변이나 유전적 부동보다 중요하다고 할 수 있겠으나 진화의 속도와 관련하여서는 돌연변이나 유전적 부동과 같은 유전학적 현상이 보다 중요한 의의가 있다고 하겠다. 그러나 현재까지 자연개체군을 대상으로 한 이런 분야의 연구는 별로 많지 않다. 우리나라에 있어서 줄무늬잎마름병 발생이

1970년대 중반 이후 급격히 감소하였는데 이것은 맥류재배면적의 급격한 감소가 그의 매개충인 애멸구 월동 후 제1세대 밀도감소를 초래한 것과 관련이 있는 것으로 생각되는데 이것은 환경조건의 변화에 따르는 직접적인 영향의 예가 될 수 있을 듯하다. 또 이화명나방의 발생량이 1970년대 이후 전국적으로 크게 감소하였는데 그 감소양상은 화기에 따라 차이가 있고 지역에 따라서도 차이가 있는데 이것은 이 해충의 생태형(유전적 특성)에 따르는 환경조건 변화에 대한 반응의 차이로 생각되고 있다.

확률론자들은 자연선택은 약한 것이 보통이어서 진화과정에 생기는 유전적 변이를 극복하고 평형한계(Plateau, 平衡限界)에 달하는 데에는 많은 시간을 필요로 한다고 생각한다. 반면에 선택론자들은 자연선택은 강력한 것이어서 진화과정에 생기는 새로운 유전적 변이의 영향은 돌연변이나 다면발현현상(Pleiotropism, 多面發現)(하나의 유전자가 두 개 이상의 형질 발현에 관여하는 현상) 그리고 상위성(Epistasis, 上位性)(동좌관계에 있지 않은 다른 유전자가 어떤 유전자의 표현을 억제하는 현상)과 같은 현상이 개입하지 않는 한 단기간에 그를 무효화 시킬 수 있다고 생각한다(Ewens, 1979, Hill, 1982).

분자생물학자들 중에는 진화에 있어서 자연선택이 별로 중요하지 않다고 생각하는 학자들이 상당히 많다. 이것은 이들에 있어서 진화란 새로운 대립유전자나 유전자 서열의 출현이 중요하며 유전자 빈도의 변화나 대체현상은 별로 중요치 않은 것이라고 생각하는 것과 관계가 있는 듯하다. 그들의 입장에서는 유전자의 대체과정에서 일어나는 일들은 중요치 않으며 때에 따라서는 대체가 일어나는 이유까지도 문제가 되지 않는다. 그들에 있어서는 대체할 수 있는 변이의 기원이 1차적인 대상으로 돌연변이가 없는 곳에는 진화는 있을 수 없어 돌연변이의 유기만이 중요한 것으로 그들은 생각한다. 자연선택은 일단 변이가 생긴 후 변이의 빈도 변화와만 관계가 있는 것이며 변이에 대한 직접적인 설명은 자연선택으로는 설명할 수 없다는 것이다. 따라서 이 경우는 새로운 변이의 기원에 관한 지식이야 말로 실제로 일어나는 형태적 변이나 유전적 변화를 이해하는데 중요한 것으로 이를 통해 진화의 속도나 방향을 이해할 수 있다고 생각한다.

확률론자들이나 선택론자들은 생물의 잠재적 체제(Bauplan, 体制)(각각의 생물체나 계통에서의 구조의 기본 형식)는 실제 생물이 차지하고 있는 범위보다는 훨씬 큰데 여러 가지 제약을 받고 있는 것으로 생각한다. 선택론자들은 대부분의 변화는 자연선택에 의한 것이라고 생각하는 반면 확률론자들은 그것이 유전적 요인에 의한 것이라고 생각한다. 그리고 현재의 점유 범위를 벗어나 새로운 범위로 이전하기 위해서는 돌연변이가 필요하다는 데에는 양자가 의견을 같이 하나 그 이유는 선택작용과 유전적 요인으로 서로 다르다.

한편 생물의 유전이나 발생 과정은 대단히 복잡하여 이것이 진화에 여러 가지 제약이 된다. 생물의 형질 특성은 형질에 따라 돌연변이가 일어날 수 있는 가능성에 차이가 있는데 이것은 계통발생과정에서 다듬어진 유전적 특성과 발생학적과정의 영향을 받는다. 또 유전자와 형질 특성은 서로 독립적인 것이 아니고 여러 단계에서 여러 가지 방식으로 상호영향을 주고받으면서 생활사 전체에 걸쳐 최적화된 것이다.

이와 같은 계통학적 제약은 진화과정에 중요한 영향을 미친다. 예를 들면 동물들은 광합성 능력이 없는 고로 식물과는 달리 소비자라는 위치에 놓이게 되며 초식동물 중 많은 것이 섬유소 분해효소를 갖고 있지 않다. 이들 동물이 만약 광합성 능력이나 섬유소 분해효소를 가졌더라면 그들의 진화방향은 지금의 그들과는 상당히 달라졌을 것이다. 실제로 이들은 공생관계를 통하여 간접적인 방법으로 문제를 해결하고 있기도 하다(예 산호충류와 갈충조류, 흰개미와 편모충류). 이들은 이런 수단으로 새로운 자원을 이용할 수 있게 되어 새로운 서식처를 차지할 수 있게 되었으며 그에 따라 그에 적응한 형태나 생리현상의 진화를 하게 되었던 것이다. 또 다른 예는 곤충류의 호흡기관인 기관계가 있겠다. 현재 수서생활을 하는 동물들은 일반적으로 수중용존산소를 이용하기에 유리한 아가미를 갖고 있다. 그런데 수서곤충들은 지상생활을 하는 곤충류와 마찬가지로 기관계로 호흡을 한다. 이것은 이들이 지상생활에서 2차적으로 수중생활을 하게 되면서도 기관계를 상실하지 않은 채 여러 가지 형태적, 생리적 적응을 한 것으로 보인다. 그들은 이런 적응을 통하여 가끔 호흡을 위하여 공기층과 가스교환을 해야 하는 불편은 있으나 보다 다양한 자원을 이용할 수 있게 된 것이다.

진화의 기초는 새로운 변이를 낳는 분자생물학적 측면과 그의 유전이나 발생과정을 통한 발현 그리고 이런 변이의 형태학이나 생리학적 발현이라고 하겠다. 자연선택과 유전적 부동은 개체군의 유전자 빈도 분포의 변이와 관련이 있어 모두가 진화와 깊은 관계가 있으나 그 이유는 같지 않다. 앞서 말한 바와 같이 진화의 속도는 돌연변이나 유전적 부동과 보다 깊은 관계가 있으나 진화의 양식은 발생이나 유전과정에서의 제약을 받기는 하나 자연선택의 영향을 보다 많이 받는다.

진화과정의 이해를 위해서는 자연선택의 과정이나 유전자 동태를 예측하는데 필요한 충분한 생태학적 지식과 아울러 새로운 변이의 기원을 이해하기 위한 유전학과 발생학에 관한 많은 지식이 필요하겠다. 이것은 단순한 사실의 충실한 기술이나 사후 결과의 설명만으로는 충분치 않으며 진화적 측면의 예측이 가능해야 하겠다. 현재 자연선택의 생태학적 측면과 관련 중요하다고 생각되는 문제는 여러 가지가 있겠으나 특히 다음과 같은 6개 과제가 아닌가 생각된다. ① 자연선택은 왜 일어날까? 즉 자연선택이 일어나는 생물학적 이유는 무엇이며 어떤 조건에서 자연선택은 일어나기 쉬운가? ② 자연선택은 어떻게 일어나며 그의 기작은 어떤 것인가? 선택의 기준은 무엇인가? ③ 자연선택작용을 가장 받기 쉬운 형질은 어떤 것일까? ④ 여러 가지 형질에 동시에 영향을 미치는 자연선택작용의 영향은 어떤 것이며 그들 중 관련이 있는 것은 어떤 것일까? 형질특성간의 유전적 상호작용이나 표현형적 상호작용은 어떻게 나타날까? 적응도에 관계가 있는 형질 수는 한계가 있으며 이것은 서식처에 따라 달라질까? ⑤ 적합도 변이가 정해져 있다고 할 때 여러 가지 형질들의 진화동태나 그의 평형한계의 구성은 어떤 것일까? ⑥ 명백한 자연선택의 존재와 근래에 빠른 속도로 분화하는 분류군 간에는 어떤 관계가 있는 것일까? 등이 그것이다.

첫째 세 가지 문제는 어떤 생물의 생활사에 관계가 있는 포식자나 기생자 기타에 관한 것과 더불어 그 생물의 생태학에 관한 깊은 이해가 도움이 되겠으며 ④의 문제와 관련하여서는 여러 가지 충분한 유전학적 지식이 요구되겠다. 현재 우리는 집단유전학이나 양적유전에 관하여 많은 정보를 갖고 있기는 하나 그것을 지수화하기에는 충분한 것은 못된다. 지금까지의 자연선택에 관한 연구는 많은 것이 자연선택의 존재를 확인하고 그의 기술로 만족하고 야외 개체군에 대한 실증이 부족하였다.

진화란 여러 가지 복잡한 문제들을 내포하고 있으며 그것들은 나름대로 중요한 의미를 갖고 있다. 한 사람이 모든 것을 같은 비중으로 연구할 수는 없는 것이 보통이다. 따라서 우리는 나름대로 가장 중요하다고 생각하는 문제를 중심으로 연구하게 되는 것이 보통이다. 따라서 한 생물에 대하여는 생태학자, 생리학자, 발생학자 그리고 유전학자 등 여러 분야의 학자들 간의 긴밀한 상호협력이 필요하며 나아가서는 서로 다른 여러 가지 생물들을 대상으로 하는 학자들 간의 긴밀한 협력을 통하여 자연선택이나 진화에 대한 편협한 생각을 해소하도록 하는 것이 중요하다고 하겠다.

참고도서

Alle W. C., O. Park, A. E. Emerson, T. Park and K. P. Schmitt. 1949. Principles of animal ecology. W. B. Saunders Co. Philadelphia and London

Andrewartha H. G. and L. C. Birch. 1954. The distribution and abundance of animals. Chicago. Univ. of Chicago press.

Beck S. 1980. Insect photoperiodism, (2nd ed.). N. Y..Academic press.

Bowler P. J. 1984. Evolution - The history of an idea. Berkley Calif. Univ. of California press.

Clark L. R., P. W. Geier, R. D. Hughes and R. F. Morris. 1967. The ecology of insect populations in theory and practice. Methuen, London

Clements F. E. and V. E. Shelford. 1939. Bio-ecology. N. Y. John Wiley & Sons Inc.

Cox G. W., M. D. Atkins. 1979. Agricultural ecology. W. H. Freeman & Co., San Francisco

Danilevsky A. S. 1965. Photoperiodism and seasonal development of insects. 日高敏高, 正木進三譯. 東京. 東京大出版部

Dank H. V. 1994. Insect life cycle polymorphism : Theory, evolution and ecological consequence for seasonality and diapause control. London. Kluwer Academic Pub.

De Laplante K., B. Brown & K. A. Peacock, ed. 2011. Philosophy of ecology. N. Y. Elsevier.

Denlinger D. L., L. M. Giebultowicz & D. S. Saunders, (ed.). 2001. Insect timing : Circadian rhythmicity to seasonality. N. Y. Elsevier.

Dingle H. (ed.) 1978. Evolution of insect migration and diapause. N. Y. Springer-verlage.

Dobzhansky, T. 1951. Genetics and the origin of species. (3rd ed.), N. Y. Columbia Univ. Press.

Elton, C. S. 1927. Animal ecology. London. Sidgwick & Jackson

Endler, J. A. 1986, Natural selection in the wild, N. J. Princeton Univ. Press.

Gilbert, F. (ed.). 1990. Insect life cycle : Genetics, evolution and co-ordination. N. Y. Spinger-verlag.

Horn, D. J. 1988. Ecological approach to pest management. N. Y. The Guilford Press.

Hubbell, D. P. 2001. The unified neutral theory of biodiversity and biogeography. Princeton and Oxford. Princeton Univ. Press.

Lowrance, R., B. R. Stinner and G. J. House, (ed.). 1984. Agricultural ecosystems, Unified concepts. N. Y. John Wiley & Sons

MacArthur, R. H. and E. O. Wilson. 1967. Theory of island biogeography. N. Y. Princeton Univ. Press. Dover Pub. Inc.,

Mayr, E. 1942. Systematics and the origin of species. N. Y. Dover Pub. Inc.

Mayr, E. 1982. The growth of biological thought. Cambridge, Mass. Harvard Univ. Press.

Mayr, E. 2004. What makes biology unique?, N. Y. Cambridge Univ. Press.

Mound L. A. and N. Waloff, (ed.). 1978. Diversity of insect fauna. Oxford, London. Blackwell Sci. Pub.

Novartis Foundation. 1979. Insect plant interactions and induced plant defence. N. Y. John Wiley & Sons.

Ohgushi T., T. P. Craig and P. W. Price, (ed.) 2007. Ecological communities : Plant mediation in indirect interaction webs. N. Y. Cambridge Univ. Press.

Roff D. A. 1992, The evolution of life histories : Theory and analysis. N. Y. Chapman & Hall.

Saarinen E. (ed.). 1980. Conceptual issues in ecology. Boston. D. Reidel Peb. Co.

Saunders D. S. 2002. Insect clocks. (3rd ed.). Amsterdam, Netherland

Shorrocks (ed.). 1984. Evolutionary ecology. Oxford, London. Blackwell Sci. Pub.

Sterns, S C. 1992. The evolution of life histories. N. Y. Oxford Univ. Press.

Strong, D. R., J. H. Lawton and R. Southwood. 1984. Insect on plants. Oxford,

London. Blackwell Sci. Pub.

Tauber M. J., C. A. Tauber and S. Masaki. 1986. Seasonal adaptations of insects. N. Y. Oxford Univ. Press.

Thompson, J. N. 1982. Interaction and coevolution. N. Y. John Wiley & Sons.

Williams C. B. 1958, Insect migration. London. Collins Clear-Type Press.

Williams G. C. 1966. Adaptation and natural selection. N. J. Princeton Univ. Press.

農振廳. 1986, 韓國의 氣候 特徵과 水稻氣象災害對策

玄在善. 2007, 식물과 곤충의 공존 전략. 서울 아카데미 서적.

玄在善. 2009, 곤충의 진화와 생활사 전략. 서울 아카데미 서적

玄在善, 이문홍, 부경생 (편) 1991, 應用昆蟲學 論叢. 서울대 농생대 농생물학과 동창회

白雲夏(編) 1984, 新稿 害虫學, 서울 鄕文社

日高敏隆, 松本義明 監修, 本田計一, 本田洋, 田付眞洋, 編. 1999, 環境昆虫學. 東京, 東京大出版会,

久野英二 編, 1996, 昆虫個體群 生態學の 展開. 京都, 京都大 學術出版会.

正木進三 1974, 昆虫の 生活史と 進化. 東京 中央公論社

沼田眞 1979, 生態學 方法論. 東京 古今書院

竹田眞木生, 田中誠二 編 1993, 昆虫の 季節適應と 休眠. 東京, 文-總合出版

中條進三 編 1987, 生活史 と行動, 京都, 冬樹社

中條進三 編 1988, 進化と生活史 戰略, 京都, 冬樹社

中條進三 編 1989, 個體群 動態と 害虫防除, 京都, 冬樹社

찾아보기(국문)

찾아보기(영문)

저자 소개

1926 평안북도 출생
1947 서울대 농대 졸업
1968 서울대 농학박사
1956 서울대 농대교수 임명
1991 서울대 농대교수 퇴임
1991 서울대 명예교수
1971 한국식물보호학회 회장
1974 한국곤충학회 회장
1985 한국환경농학회 회장
1985 한국농업과학협회 회장

저 서

1991 응용곤충학 논총
1993 일반생태학(집현사)
1994 농림해충학 총론(서울대출판부)
2007 식물과 곤충의 공존전략
(아카데미서적)
2008 종합 해충관리학 개론
(월드사이언스)
2009 곤충의 진화와 생활사 전략
(아카데미서적)

곤충의 생태학
이론과 실제

초판 1쇄 인쇄일 2012년 12월 20일
초판 1쇄 발행일 2012년 12월 30일
저　　자 | 현 재 선
편 집 자 | 주 성 필
발 행 자 | 주 희 완
발 행 처 | 아카데미서적
서울특별시 강남구 논현동 117-2
TEL 516-3131 FAX 542-9254
Email aca97@hitel.net
http://www.academybook.co.kr

정가 18,000원
ISBN 978-89-7616-481-0
파본은 교환해 드립니다.